Jean Bosco IGIRUKWISHAKA
Frédéric BANGIRINAMA

Caracterização das plantas invasoras dos pântanos

Jean Bosco IGIRUKWISHAKA
Frédéric BANGIRINAMA

Caracterização das plantas invasoras dos pântanos

Plantas nos pântanos do rio Ruvubu, um dos quatro sítios Ramsar do Burundi

ScienciaScripts

Imprint
Any brand names and product names mentioned in this book are subject to trademark, brand or patent protection and are trademarks or registered trademarks of their respective holders. The use of brand names, product names, common names, trade names, product descriptions etc. even without a particular marking in this work is in no way to be construed to mean that such names may be regarded as unrestricted in respect of trademark and brand protection legislation and could thus be used by anyone.

Cover image: www.ingimage.com

This book is a translation from the original published under ISBN 978-620-6-70222-1.

Publisher:
Sciencia Scripts
is a trademark of
Dodo Books Indian Ocean Ltd. and OmniScriptum S.R.L publishing group

120 High Road, East Finchley, London, N2 9ED, United Kingdom
Str. Armeneasca 28/1, office 1, Chisinau MD-2012, Republic of Moldova, Europe
Printed at: see last page
ISBN: 978-620-7-61614-5

COMPOSIÇÃO DO JÚRI

Presidente : Prof. NDAYISHIMIYE Joël

Secretário: Dr. BARARUNYERETSE Prudence

Diretor: Prof. BANGIRINAMA Frédéric

Ao meu falecido pai BAMPUHIYE Fabien

Para a minha mãe Roseta BANGIRINAMA

Para a minha mulher NIYUNGEKO Marie Jeanine

Para os nossos filhos IGIRUKWISHAKA Shana Lenaëlle e IGIRUKWISHAKA Chély Asaël

AGRADECIMENTOS

No final deste trabalho, gostaria de expressar a minha profunda gratidão a todos aqueles que, de uma forma ou de outra, contribuíram para a sua realização.

Gostaria de agradecer particularmente ao Professor BANGIRINAMA Frédéric, orientador desta dissertação, que, apesar das suas múltiplas responsabilidades, teve a amabilidade de orientar esta dissertação. A sua visão científica, as suas competências, a sua dedicação inigualável, os seus inúmeros conselhos e os seus comentários pertinentes foram-me muito úteis. A minha mais profunda gratidão.

Gostaria também de agradecer ao presidente do júri, Professor Joël NDAYISHIMIYE, e à Doutora Prudence BARARUNYERETSE, secretária do júri, por terem aceitado dedicar parte do seu precioso tempo à leitura, correção e melhoria deste trabalho. Muito obrigado pelos vossos comentários construtivos e judiciosos.

Gostaria também de exprimir a minha gratidão a todos os professores do programa de mestrado em ciências e gestão ambiental integrada da Universidade do Burundi. A sua formação científica e humana permitiu-me realizar este trabalho.

Gostaria também de agradecer aos meus queridos pais, que não só me indicaram o caminho para a escola, como também apoiaram a minha educação desde a escola primária até à universidade. Gostaria de lhes exprimir a minha mais profunda gratidão.

Permitam-me que faça uma menção especial muito calorosa à minha querida esposa NIYUNGEKO Marie Jeanine: sincera gratidão pela sua paciência e apoio infalível. Apoiou sozinha Shana Lenaëlle e Chély Asaël durante estes dois anos, sem contar com a minha responsabilidade. Este livro de memórias é vosso.

Por último, gostaria de agradecer a todas as pessoas que contribuíram de alguma forma para a realização deste trabalho, bem como a todos os meus amigos que me deram apoio moral e material.

RESUMO

Este trabalho consistiu no estudo da flora dos sapais do Ruvubu, um dos rios mais importantes do Burundi. O objetivo geral era contribuir para o conhecimento das plantas invasoras presentes nos sapais do rio Ruvubu, com vista a fornecer informações úteis aos gestores ambientais. A composição e a diversidade foram analisadas através do estabelecimento da riqueza de espécies, do cálculo de índices de diversidade e do estudo dos traços de vida das espécies. A estrutura foi analisada através da identificação de agrupamentos de plantas. O método utilizado foi uma abordagem sistemática baseada em levantamentos fitossociológicos para estabelecer a riqueza florística dos sapais fluviais. A identificação das plantas invasoras foi efectuada através da combinação da taxa de cobertura média e das características biológicas da plasticidade específica das espécies dominantes invasoras. Os resultados mostram que a flora é diversificada, com 161 espécies em 54 famílias e 125 géneros. As famílias com maior número de espécies são Poaceae (17,39%), Asteraceae (14,91%), Fabaceae (10,56%), Cyperaceae (4,97%), Malvaceae (3,73%) e Euphorbiaceae (3,11%). O espetro ponderado revelou o predomínio de espécies camfíticas (33,73%), anemocóricas (23,49%) e generalizadas (62,04%). Foram identificados quatro agrupamentos vegetais de acordo com o índice de dissimilaridade de espécies de Bray-Curtis: agrupamento G1 com 13 registos (83 espécies), agrupamento G2 com 9 registos (67 espécies), agrupamento G3 com 6 registos (77 espécies) e agrupamento G4 com 10 registos (92 espécies). A combinação da taxa média de cobertura das espécies com as características de plasticidade das invasoras resultou na seleção de 13 espécies comprovadamente invasoras e outras 7 espécies potenciais de plantas invasoras. As plantas invasoras seleccionadas pertencem a seis famílias botânicas, das quais duas (Poaceae e Asteraceae) são as mais representadas, representando 69,23% das espécies invasoras. O gradiente florístico das plantas invasoras seleccionadas aumenta de montante para jusante.

Palavras-chave: pântanos do rio Ruvubu, diversidade, plantas invasoras, Burundi

RESUMO

Esta investigação consistiu em estudar a flora dos pântanos de Ruvubu, um dos rios mais importantes do Burundi. O objetivo geral deste estudo foi o de contribuir para o conhecimento das plantas invasoras presentes nos sapais do rio Ruvubu, a fim de fornecer conhecimentos úteis aos gestores ambientais. A composição e a diversidade foram analisadas através do estabelecimento da riqueza de espécies, do cálculo de índices de diversidade e do estudo dos traços de vida das espécies. A estrutura foi analisada através da identificação de grupos de plantas. O método utilizado é a abordagem sistemática baseada em levantamentos fitossociológicos para estabelecer a riqueza florística dos sapais fluviais. A determinação das plantas invasoras exigiu uma combinação da taxa de cobertura média e das características biológicas da especificidade invasora das espécies dominantes. Os resultados mostram que a flora é diversificada com 161 espécies distribuídas em 54 famílias e 125 géneros. As famílias mais representadas em termos de espécies são Poaceae (17,39%), Asteraceae (14,91%), Fabaceae (10,56%), Cyperaceae (4,97%), Malvaceae (3,73%) e Euphorbiaceae com 3,11% das espécies inventariadas. O espetro ponderado mostrou o predomínio de caméfitas (33,73%), anemocóricas (23,49%) e espécies generalizadas (62,04%). Foram identificados quatro grupos de plantas com base na frequência das espécies: o grupo G1 com 13 registos (83 espécies), o grupo G2 com 9 registos (67 espécies), o grupo G3 com 6 registos (77 espécies) e o grupo G4 com 10 registos (92 espécies). A combinação da taxa média de cobertura de espécies com as características de plasticidade invasora reteve 13 espécies comprovadamente invasoras e outras 7 espécies de plantas potencialmente invasoras. As plantas invasoras selecionadas estão distribuídas em seis famílias botânicas, sendo duas delas (Poaceae e Asteraceae) as mais representadas, representando 69,23% das espécies invasoras. O gradiente florístico das plantas invasoras seleccionadas aumenta de montante para jusante do rio.

Palavras-chave: pântanos do rio Ruvubu, diversidade, plantas invasoras, **Burundi**

ÍNDICE DE CONTEÚDOS

LISTA DE ACRÓNIMOS E ABREVIATURAS

APRN/BEPB	Associação Proteção dos Recursos Naturais para o Bem-Estar da População do Burundi (APRN/BEPB)
GEE	Grupo das Espécies Invasoras
MEEATU	Ministério da Água, do Ambiente, do Ordenamento do Território e do Desenvolvimento Urbano
SNAPB-2013-2020	Estratégia e Plano de Ação Nacionais para a Biodiversidade 2013-2020
IUCN/PACO	União Internacional para a Conservação da Natureza/Programa para a África Central e Ocidental

PREÂMBULO

Para a humanidade, o ambiente é um ativo potencial, um parceiro que precisa de ser melhor preservado e gerido. Para tal, é necessário compreender melhor as suas origens e mecanismos, o seu papel ecológico e o seu interesse económico para a humanidade. A proteção do ambiente exige a participação efectiva de todas as instituições. E para que cada cidadão participe efetivamente, é necessário adquirir conhecimentos de base.

Nesta perspetiva, a Universidade do Burundi fixou como objetivo geral participar nos esforços para assegurar uma gestão racional e a proteção do ambiente a nível nacional, regional e mundial.

Abriu um programa de mestrado em Ciência e Gestão Integrada do Ambiente, que forma licenciados na gestão do espaço e dos ecossistemas naturais para uma utilização óptima e sustentável, bem como na prevenção e/ou atenuação dos efeitos de vários incómodos e poluição em ambientes urbanos e rurais.

A presente dissertação intitulada **"Caracterização de plantas invasoras nos sapais do rio Ruvubu"** insere-se no âmbito do mestrado acima referido. O objetivo deste trabalho é o conhecimento das plantas invasoras presentes nos sapais do rio Ruvubu. O objetivo é contribuir para a gestão sustentável do Parque Nacional do Ruvubu, tão importante a nível nacional, regional e internacional. A ideia para esta investigação surgiu do facto de ainda haver uma falta de conhecimento no Burundi sobre os taxa invasores, o seu nível de proliferação e as áreas afectadas.

Este estudo tem como objetivo contribuir para o conhecimento da biodiversidade dos sapais do rio Ruvubu e, em particular, do seu grau de invasão por plantas exóticas. Este facto permitirá orientar as melhores medidas para a sua gestão sustentável.

INTRODUÇÃO

1. Questões

Vivemos numa época em que a biodiversidade está a desaparecer a um ritmo alarmante por uma série de razões (Teyssèdre & Couvet, 2010); Primack et al., 2012; Mendoza, 2016; Ben-ghabrit et al., 2018. A classificação das causas desta degradação mostra que, depois da destruição do habitat, as invasões biológicas são a segunda fonte mais importante de destruição dos ecossistemas terrestres e aquáticos (Ben-ghabrit et al., 2018; IUCN/PACO, 2013).

Patrick (2017) define invasão biológica como "um *processo de extensão da área de distribuição geográfica de um táxon que se desloca de uma região para outra, capaz de se reproduzir na nova região e aí desenvolver populações perenes*".

As plantas invasoras causam danos ou têm o potencial de destruir o ambiente, a saúde ou a produção agrícola. Os muitos impactos causados pelas plantas invasoras estão principalmente ligados à sua capacidade de adaptação, reprodução e dispersão, o que lhes confere uma vantagem sobre as espécies nativas (Abram & Moffat, 2018; Akodéwou et al., 2019). Podem modificar o funcionamento do ecossistema e as características do ambiente abiótico (Osawa et al., 2013).

As plantas invasoras estão a provocar uma nova e mais uniforme distribuição das espécies. Esta nova distribuição é tão importante que alguns cientistas falam de uma nova era de evolução conhecida como o "Homeogeoceno". (Jacques et al., 2006; Jean-François et al., 2012). A homogeneização biótica tem um impacto negativo na capacidade das comunidades de prestar múltiplos serviços ecossistémicos. Isto deve-se ao facto de nem todas as espécies prestarem os mesmos serviços com a mesma intensidade (Van Der Plas et al., 2016).

As plantas invasoras são atualmente uma grande preocupação devido à ameaça que representam para a biodiversidade e a integridade dos ecossistemas (Primack et al., 2012; Nzigidahera & Habonimana, 2015; OSS, 2020). A sua proliferação alarmante sensibilizou vários intervenientes na proteção do ambiente, pelo que a sua prevenção e gestão se tornou um dos 20 objectivos Aïchi a atingir até 2020, adoptados pelos Estados Partes na Convenção sobre a Diversidade Biológica, incluindo o Burundi.

Com vista a implementar este objetivo de Aïchi, o Burundi fixou, através da sua Estratégia Nacional e Plano de Ação sobre a Biodiversidade 2013-2020, o objetivo 10: "*Até 2015, a extensão das espécies exóticas invasoras e as suas vias de introdução são identificadas, medidas práticas e legislação adequada são postas em prática para controlar e erradicar as espécies mais perigosas".* (MEEATU, 2013). No entanto, o conhecimento dos táxons invasores, o seu nível de proliferação e as áreas afectadas ainda é inexistente no Burundi. Isto deve-se ao facto de os estudos sobre plantas invasoras e o mapa da sua distribuição, visados como indicadores no âmbito do objetivo 10 do SNAPB-2013-2020, não terem sido totalmente produzidos. Isto demonstra que o gestor da biodiversidade do Burundi ainda não dispõe de ferramentas de referência para o controlo preventivo e curativo das plantas invasoras.

Alguns estudos sobre plantas invasoras já foram realizados no Burundi (Habonayo et al., 2019; Nzigidahera, 2017). No entanto, notou-se que as áreas protegidas, especialmente os parques nacionais de Rusizi e Kibira, a reserva de Bururi e a paisagem aquática protegida de Bugesera, foram mais visadas do que o resto do país. Na planície de Imbo, nomeadamente ao longo da costa e dos afluentes do lago Tanganica, foram elaborados vários resumos sobre esta questão.

As zonas húmidas parecem ser particularmente vulneráveis a invasões biológicas, especialmente invasões de plantas (Joy & Kercher, 2004). No entanto, estas áreas, com a sua relativa biodiversidade, são particularmente interessantes na medida em que têm funções ecológicas específicas e funções socioeconómicas (MEEATU, 2014). Os pântanos que constituem as zonas húmidas do Burundi ocupam 117.993 hectares, ou seja, cerca de 4,24% do território nacional, e são atualmente muito perturbados pelas actividades humanas, nomeadamente a agricultura (Bizuru, 2005). Para além disso, estas zonas perturbadas desempenham um papel importante na invasão de plantas exóticas (GEE, 2011). Elas desempenham um papel fundamental no fluxo de espécies invasoras entre diferentes compartimentos da paisagem. Dependendo das práticas dos seus gestores, estas zonas são fontes potenciais de propagação ou, pelo contrário, elementos estruturantes que limitam a expansão de certas espécies invasoras (Gérard et al., 1998; Tassin, 2002). É portanto necessário, no âmbito de uma abordagem sistémica, incluí-las na análise das invasões vegetais em meio natural.

2. Interesse pelo tema

Os ecossistemas dos pântanos do Burundi continuam a ser mal compreendidos no seu conjunto (Bizuru, 2005) e os pântanos do rio Ruvubu não são exceção. Este estudo é uma contribuição para o conhecimento das espécies invasoras no Burundi. É um estudo efectuado nas áreas menos estudadas ou não estudadas do Burundi (Masabo & Nindorera, 2019) incluindo os pântanos do rio Ruvubu. O rio Ruvubu drena mais de um quarto da água do Burundi e é o afluente mais meridional do rio Nilo. Nasce nas montanhas da cordilheira Congo-Nilo e faz parte da bacia do Alto Akagera. O rio Ruvubu corre através de um parque nacional com o seu nome e o parque está classificado como um dos quatro sítios Ramsar do Burundi. O rio é muito sinuoso, com pouco caudal entre a entrada e a saída do parque. Os pântanos do Ruvubu estão em grande parte inundados e ocupados por pântanos permanentes (MEEATU, 2014). Contribuir para o conhecimento da sua biodiversidade, e particularmente do seu grau de invasão por plantas exóticas, orientaria a adoção de medidas adequadas para a sua gestão sustentável.

3. Objectivos do trabalho

O objetivo geral desta investigação é contribuir para o conhecimento das plantas invasoras presentes nos sapais do rio Ruvubu. O objetivo é contribuir para a gestão sustentável do Parque Nacional do Ruvubu, que é tão importante a nível nacional, regional e internacional.

Especificamente, o trabalho consiste em : (i) realizar um inventário florístico, ou seja, a identificação científica e a descrição botânica das plantas inventariadas; (ii) evidenciar a diversidade das plantas invasoras no sítio estudado e, por fim, (iii) determinar um gradiente florístico das plantas invasoras de montante para jusante.

4. Pressupostos

O objetivo deste estudo é testar a hipótese de que os pântanos do rio Ruvubu, que são perturbados pela agricultura, albergam um elevado nível de diversidade vegetal. Além disso, como o caudal do rio Ruvubu é baixo (MEEATU, 2014) e o rio Ruvubu é atravessado por cerca de vinte pontes, o resultado seria a disseminação e a elevada abundância florística de plantas invasoras nestes pântanos. As espécies invasoras nos sapais deste rio teriam um forte potencial de propagação para o Parque Nacional de Ruvubu de montante para jusante.

5. Delimitação do trabalho

Embora as invasões biológicas digam respeito a todos os grupos de organismos, desde os unicelulares aos multicelulares, não é possível estudar todos estes grupos ao mesmo tempo. O presente estudo incide sobre as plantas dos sapais do rio Ruvubu. Este estudo pretende ser duplo: em primeiro lugar, realizámos uma análise florística dos sapais do rio Ruvubu; em segundo lugar, o nosso estudo trata da identificação de espécies de plantas invasoras nos sapais do rio Ruvubu.

Para além de uma introdução geral, conclusões e sugestões, a obra está dividida em quatro capítulos. O primeiro capítulo, sobre questões gerais, trata das plantas invasoras e dos seus efeitos nocivos nos ecossistemas e na sua biodiversidade. O segundo capítulo, intitulado "Materiais e métodos", descreve o local de estudo, os materiais utilizados e a abordagem metodológica adoptada para chegar aos resultados apresentados no terceiro capítulo. O terceiro capítulo descreve a composição florística da área estudada e a caraterização das espécies invasoras seleccionadas. O último capítulo é dedicado à discussão dos resultados.

CAPÍTULO I: INFORMAÇÕES GERAIS SOBRE AS INVASÕES BIOLÓGICAS

O desenvolvimento das comunidades humanas contribuiu para a quebra de barreiras naturais e para a expansão das espécies para fora da sua área de distribuição original. A globalização, o aumento do comércio internacional e a consequente perturbação dos ecossistemas facilitaram a introdução e a dispersão de muitas espécies animais e vegetais. Algumas destas espécies tornaram-se prejudiciais para o ambiente (Allen et al., 2017)pelo que o fenómeno da invasão biológica está a aumentar.

As invasões biológicas são conhecidas há muito tempo (Richardson & Pyšek, 2007). ᵉᵐᵉAtualmente, constituem um dos principais desafios que os ecossistemas naturais e semi-naturais do mundo enfrentam no século XXI. As perdas e os danos causados pelas espécies invasivas têm vindo a aumentar de forma constante ao longo dos anos (Ben-ghabrit et al., 2018). Plantas alimentares essenciais, árvores e arbustos adequados para nidificação e refúgio de animais selvagens, plantas que purificam a água e servem de simbiontes para outras, aquelas que fornecem suporte para trepadeiras e abrigam vegetação delicada também podem ser comprometidas ou até mesmo desaparecer devido a espécies invasoras (IUCN-PAPACO, 2013). O conhecimento destas espécies é essencial para a sua correcta gestão, de forma a conseguir uma melhor conservação da diversidade biológica.

I.1 Definições

I.1.1. Espécies nativas e exóticas

I.1.1.1. Espécies autóctones

As espécies são distribuídas de acordo com a sua área de distribuição natural. Ecologicamente, diz-se que as espécies que ocorrem naturalmente numa região sem intervenção humana são indígenas dessa região. Cada espécie é, portanto, classificada como indígena de uma região específica. De acordo com Toussaint et al (2007)para um determinado biótopo, as plantas são consideradas indígenas quando se encontravam disseminadas numa região antes do ano 1500. Estas plantas constituem uma espécie ou população autóctone de uma determinada zona, por oposição às espécies introduzidas, designadas por alóctones.

I.1.1.2. Espécies exóticas (não nativas)

Há muitos anos que os seres humanos viajam de uma região para outra, e mesmo de um continente para outro. Estas viagens são frequentemente acompanhadas pela introdução voluntária ou involuntária de espécies estranhas numa determinada região biogeográfica. Estas espécies recentemente introduzidas são conhecidas como espécies exóticas ou alóctones.

De acordo com Lisan (2014)as espécies exóticas podem ser introduzidas e disseminadas, deliberada ou acidentalmente, por uma série de vias diferentes:

> ➤ horticultura e jardinagem ;
> ➤ misturas de sementes ;
> ➤ aumento do comércio e das deslocações a nível nacional, regional e internacional;
> ➤ canais artificiais ;
> ➤ navegação de recreio e comercial ;
> ➤ contentores e navios da frota marítima ;
> ➤ introduções não autorizadas, etc.

I.1.2 Invasões biológicas

Existem muitas definições diferentes de invasão biológica, que variam consoante o autor, com ou sem referência ao impacto ecológico e/ou económico destes organismos (Julie et al., 2007; Soubeyran, 2010; Van Kleunen et al., 2010; Rejmánek et al., 2013).

Além disso, ainda não há consenso quanto à origem (nativa ou exótica) de um táxon invasor. Alguns estudos falam em invasão biológica quando um táxon não nativo é introduzido em um novo ambiente (ecossistema ou habitat) e se dissemina, causando danos à biodiversidade nativa sob conservação   (Jean-François et al., 2012; IUCN-PAPACO, 2013; Ben-ghabrit et al., 2018).. Para que isso aconteça, um táxon que não está representado na vegetação de uma área deve entrar de "fora", sobreviver e reproduzir-se, espalhar-se a partir do seu ponto de introdução, naturalizar-se e espalhar-se mais longe - causando, em última análise, danos. No entanto, outros estudos recentes mostram a invasão de ecossistemas naturais por espécies indígenas conhecidas (Habonayo et al., 2019; Lisan, 2014; Nzigidahera, 2017; Zihalirwa et al., 2020)..

No presente trabalho, foi adoptada a definição que concilia as duas considerações, tal como proposta por Valéry et al (2008). Estes autores definem um táxon invasor como um táxon exótico ou indígena que dispõe de uma vantagem competitiva que lhe permite, após o desaparecimento das barreiras naturais à sua proliferação, espalhar-se rapidamente e dominar novas zonas dos ecossistemas receptores, nos quais se torna uma população dominante.

Neste caso, consideramos uma planta invasora qualquer planta nativa ou não nativa com capacidade para colonizar rapidamente uma área, para se espalhar muito longe das suas plantas-mãe e para causar ou ser suscetível de causar prejuízos económicos, danos ao ambiente ou à saúde humana.

I.1.3. Espécies invasoras

O termo "invasor" é utilizado para descrever um táxon com elevada capacidade de proliferação, quer seja exótico ou indígena numa determinada área. As espécies invasoras são oportunistas e têm uma elevada capacidade de desenvolvimento e de competição. Consequentemente, representam uma ameaça para um biótopo e a sua biocenose, que pode desaparecer em casos extremos.

I.2 Tipos de invasão

I.2.1. Espécies nativas e invasividade

É raro que uma espécie nativa se torne invasora no seu ambiente natural. No entanto, com as perturbações repetidas que um ecossistema pode sofrer, uma espécie ou grupo de espécies pode encontrar condições favoráveis para florescer e, em seguida, mostrar uma dinâmica de expansão rápida na sua área de distribuição nativa em detrimento de outras (Cantão de Valais, 2017; Zihalirwa et al., 2020). Estas espécies podem permanecer num estado não invasivo durante décadas (ou mesmo séculos) e depois começar a propagar-se e a causar danos dentro e fora do biótopo em causa. Este atraso é por vezes designado por "fase de latência" da invasão e pode dever-se a uma série de factores.

O carácter invasor de uma espécie pode estar latente devido à existência de um regulador biológico que utiliza os órgãos ou indivíduos dessa espécie para assegurar as suas funções vitais, como é o caso de um predador. (Masumbuko, 2011). Esta fase latente da invasão pode também dever-se à lenta adaptação de uma espécie (potencialmente invasora) ao seu ambiente, antes que uma semente viável que possa ser dispersa seja produzida em quantidade suficiente para iniciar a propagação e as etapas seguintes que causarão danos à biodiversidade (IUCN/PACO, 2013). Uma espécie que normalmente não é invasora pode tornar-se invasora se existir um fator que favoreça a sua competição em detrimento de outras (Dukes & Mooney, 1999).

I.2.2. Espécies exóticas e invasividade

O processo de invasão e as suas fases, desde a introdução (para taxa exóticos) até à invasão, podem durar anos ou mesmo décadas ou séculos (IUCN/PACO, 2013). Uma planta pode não ser invasora durante um certo período de tempo, e depois, em algum momento, cair na categoria de exótica invasora; o inverso também é possível (Agboola & Joseph, 2014). É por isso que é ideal observar as novas espécies que chegam (espécies exóticas) e se misturam com a flora de um ecossistema e verificar se têm reputação de espécies invasoras noutros locais.

Entre as espécies exóticas, as plantas invasoras são as que têm maior impacto na biodiversidade. Nem todas as plantas não nativas se tornam invasoras. De facto, estas representam apenas uma proporção muito pequena das espécies introduzidas. De acordo com a "regra dos três dez" mencionada por Fourdrigniez & Meyer (2008)estima-se que, de cada 1000 espécies introduzidas, 100 conseguem aclimatar-se, 10 naturalizar-se (ou seja, reproduzir-se e dispersar-se a longas distâncias sem intervenção humana) e apenas uma se torna invasora, ou seja, com um impacto significativo na biodiversidade.

Quéré et al (2011) distinguem as espécies exóticas invasoras em três grupos: espécies invasoras comprovadas, espécies invasoras potenciais e espécies invasoras a ter em conta.

I.2.2.1. Espécies invasoras conhecidas (IA)

Trata-se de plantas não nativas que, nas zonas onde são introduzidas, são reconhecidamente invasoras e têm um impacto negativo na biodiversidade e/ou na saúde humana e/ou nas actividades económicas. Neste grupo, Bousquet et al (2016) reconhecem três categorias:

- **categoria IA1**: plantas naturalizadas ou em processo de naturalização que são atualmente conhecidas como invasoras nas comunidades vegetais naturais ou semi-naturais da zona em causa e que competem com as espécies autóctones ou produzem alterações significativas na composição, estrutura e/ou funcionamento dos ecossistemas (são conhecidas como espécies transformadoras);
- **categoria IA2**: plantas naturalizadas ou em vias de naturalização, atualmente conhecidas como invasoras na zona em questão, num ambiente natural ou semi-natural,

ou num ambiente altamente antropizado (explorações agrícolas, bermas de estradas, etc.), e que causam problemas graves para a saúde humana.

- **categoria IA3**: plantas naturalizadas ou em processo de naturalização que são atualmente conhecidas como invasoras nas comunidades vegetais naturais ou semi-naturais da zona em questão e que causam danos a determinadas actividades económicas.

I.2.2.2. Plantas potencialmente invasoras (PI)

Trata-se de plantas não nativas que mostram atualmente uma tendência para desenvolver um carácter invasor em comunidades naturais ou semi-naturais e cuja dinâmica na zona em questão e/ou em regiões vizinhas ou regiões com um clima semelhante é tal que existe o risco de se tornarem espécies estabelecidas a mais ou menos longo prazo. Como tal, a presença de espécies potencialmente invasoras na zona em causa justifica um elevado nível de vigilância e pode exigir a rápida aplicação de medidas preventivas ou curativas. As espécies potencialmente invasoras incluem as seguintes categorias de acordo com Quéré et al (2011) :

- **Categoria IP1**: plantas ausentes da zona em questão, mas determinadas como invasoras numa zona diretamente adjacente e que apresentam um risco de aparecimento num futuro próximo devido à sua dinâmica de propagação;
- **Categoria IP2**: plantas naturalizadas ou em vias de naturalização, atualmente conhecidas como invasoras na zona em questão apenas em comunidades vegetais altamente antropizadas (explorações agrícolas, bermas de estradas, etc.) e que são invasoras (com impacto na biodiversidade local) em comunidades vegetais naturais ou semi-naturais noutras partes do mundo, numa zona climática semelhante;
- **Categoria IP3**: plantas acidentais, naturalizadas ou em vias de naturalização, que apresentam atualmente uma tendência para desenvolver um carácter invasor num ambiente natural ou semi-natural, ou num ambiente altamente antropizado, e que causam problemas graves para a saúde humana;
- **Categoria IP4**: plantas acidentais que mostram uma tendência para desenvolver um carácter invasor nas comunidades vegetais naturais ou semi-naturais da zona em questão e que mostram um carácter invasor (com impacto na biodiversidade local) nas comunidades vegetais naturais ou semi-naturais de outras partes do mundo, numa faixa climática próxima.

- **Categoria IP5**: plantas naturalizadas ou em processo de naturalização que, na zona em questão, mostram uma tendência para desenvolver um carácter invasor nas comunidades vegetais naturais ou semi-naturais e que parecem susceptíveis de prejudicar a biodiversidade local.

I.2.2.3. Plantas a observar (AS)

Em ambientes naturais ou semi-naturais, Quéré et al (2011) definem uma "planta a vigiar" como qualquer planta não nativa que não é (ou já não é) conhecida como invasora ou como tendo um impacto negativo na biodiversidade na zona em consideração, mas para a qual a possibilidade de desenvolver estas características (por reprodução sexual ou propagação vegetativa) não foi completamente excluída. Propõem que se tenha em conta o carácter invasor desta planta e o seu impacto na biodiversidade de outras regiões. A presença destas plantas na zona em causa, em meios naturais ou artificiais, exige um controlo especial e pode justificar medidas de intervenção rápida.

De acordo com Bousquet et al (2016)as seguintes plantas exógenas estão incluídas entre as plantas a monitorizar:

- **Categoria AS**: plantas acidentais, naturalizadas ou naturalizantes que não apresentam atualmente tendência para desenvolver um carácter invasor na zona em questão (sem desenvolvimento populacional denso em pelo menos um local, nem dinâmica de extensão rápida) em ambientes naturais ou semi-naturais, ou em ambientes altamente antropizados (quintas, bermas de estradas, etc.), mas que se sabe causarem problemas graves para a saúde humana.
- **Categoria AS2**: plantas naturalizadas ou em processo de naturalização que são atualmente invasivas na zona em questão apenas em comunidades vegetais altamente antropizadas, mas que não são consideradas invasivas em comunidades vegetais naturais ou semi-naturais noutras partes do mundo numa zona climática semelhante.
- **Categoria AS3**: plantas acidentais com tendência para se tornarem invasivas nas comunidades vegetais naturais ou semi-naturais da zona em causa e que não são consideradas invasivas nas comunidades vegetais naturais ou semi-naturais de outras partes do mundo numa zona climática próxima.
- Categoria AS4: plantas acidentais, naturalizadas ou em processo de naturalização num ambiente natural ou semi-natural, ou num ambiente altamente antropizado, que não

apresentam atualmente uma tendência para desenvolver um carácter invasor (sem desenvolvimento de uma população densa em pelo menos um local, nem uma dinâmica de extensão rápida) na zona em questão, mas que apresentaram no passado um carácter invasor (com impacto na biodiversidade) na zona em questão, e que estão agora integradas sem disfunção nas comunidades indígenas.

- **Categoria AS5**: plantas acidentais, naturalizadas ou em processo de naturalização, que não apresentam (ou já não apresentam) atualmente uma tendência para desenvolver um carácter invasor na zona em questão (sem desenvolvimento de uma população densa em pelo menos um local, nem uma dinâmica de extensão rápida), mas que são consideradas invasoras comprovadas (invasoras com impacto na biodiversidade) noutros locais do mundo, numa zona climática próxima, no seio de comunidades vegetais naturais ou semi-naturais.

- **Categoria AS6**: plantas acidentais, naturalizadas ou naturalizantes com tendência para se tornarem invasoras em comunidades vegetais fortemente influenciadas pelo homem e consideradas invasoras (e prejudiciais para a biodiversidade local) noutras partes do mundo, numa zona climática próxima, em comunidades vegetais naturais ou semi-naturais.

Estes três grupos de espécies exóticas invasoras (espécies invasoras conhecidas, espécies invasoras potenciais e espécies invasoras a monitorizar) são resumidos num quadro por Bousquet et al, (2013).

Quadro I.1. Resumo: classificação das plantas invasoras de acordo com as categorias "invasoras comprovadas", "invasoras potenciais" e "plantas a ter em conta".

Situação da fábrica na zona em causa	Categoria de planta	
Planta exógena não declarada no território mas - considerado invasivo num serviço vizinho - não consideradas invasivas numa zona vizinha	→ Potencialmente invasivo →Não invasivo	IP1 -
Plantas autóctones (mesmo que proliferem localmente)	→Não invasivo	-
Planta exógena que causa problemas graves para a saúde humana - com um carácter invasivo comprovado - com tendência para ser intrusivo - sem tendência para desenvolver um carácter invasivo	→ Invasivo comprovado → Potencialmente invasivo →Atenção	IA2 IP3 AS1
Planta exógena com carácter invasor comprovado num ambiente natural ou semi-natural e		

- prejudicar a biodiversidade ou	→ Invasivo comprovado	IA1
- causar problemas às actividades económicas	→ Invasivo comprovado	IA3
Planta exógena que só se torna invasora em ambientes fortemente influenciados pelo homem (aterros, entulhos, etc.): - se houver um impacto conhecido na biodiversidade em ambientes naturais noutras regiões do mundo (com um clima semelhante) - se não houver impacto conhecido na biodiversidade em ambientes naturais noutras regiões do mundo (com um clima semelhante)	→ Potencialmente invasivo → Cuidado	IP2 AS2
Planta exógena com tendência a tornar-se invasora apenas em meios fortemente influenciados pelo homem (aterros, entulhos, etc.): - se houver um impacto conhecido na biodiversidade em ambientes naturais noutras regiões do mundo (com um clima semelhante) - se não houver impacto conhecido na biodiversidade em ambientes naturais noutras regiões do mundo (com um clima semelhante)	→ Cuidado →Não invasivo (*sem risco a priori para o ambiente natural*)	AS6 -
Uma planta exógena com tendência para se tornar invasora num ambiente natural ou semi-natural: - Planta naturalizada ou naturalizante - Planta acidental (recentemente estabelecida, não estabilizada) : - se houver um impacto conhecido na biodiversidade em ambientes naturais noutras regiões do mundo (com um clima semelhante) - se não houver impacto na biodiversidade	→ Potencialmente invasivo → Potencialmente invasivo → Cuidado	IP5 IP4 AS3
Planta que não é (ou já não é) invasora: - se a planta foi classificada no passado como invasora no ambiente natural - se a planta não tiver sido anteriormente classificada como invasora e : - se for conhecido um impacto na biodiversidade em ambientes naturais de outras regiões do mundo (com um clima semelhante) - se não houver impacto conhecido na biodiversidade em ambientes naturais noutras regiões do mundo (com um clima semelhante)	→ Cuidado → Cuidado →Não invasivo	AS4 AS5 -

Fonte: Quadro encontrado em "Liste des plantes vasculaires invasives de Basse-Normandie" de (Bousquet et al., 2013)

I.3 Características ecológicas das espécies invasoras

Muitos autores tentaram definir o perfil típico das espécies invasoras (Fumanal, 2007). As espécies invasoras conseguem colonizar novos ecossistemas devido a um conjunto de características que as tornam mais competitivas do que as espécies locais. Essas mesmas características tornam-nas mais difíceis de controlar. A maior amplitude ecológica também favorece o seu desenvolvimento em biótopos muito diversos (Fumanal, 2007; Fourdrigniez & Meyer, 2008). Por exemplo UICN/PACO (2013) observa que as espécies que se tornam invasoras convergem nos seguintes pontos :

- uma taxa de crescimento rápido que excede a das plantas nativas,
- características de expansão notáveis, permitindo que os propágulos se espalhem rápida e amplamente,
- elevada capacidade de reprodução, produzindo frequentemente grandes quantidades de sementes ou outros propágulos,
- elevada tolerância ambiental, ao passo que as espécies autóctones existem frequentemente dentro de limites estreitos de temperatura, pluviosidade, tipo de solo, etc,
- mecanismos mais importantes que os tornam concorrentes efectivos das espécies locais na obtenção de água, nutrientes, luz e espaço para se desenvolverem,
- produção de substâncias alelopáticas (pelas folhas, caules ou raízes) que impedem que outras espécies germinem, cresçam ou se reproduzam plenamente,
- ausência ou número limitado de predadores ou outros inimigos naturais.

Embora as propriedades acima referidas possam ser utilizadas para definir organismos invasores, existem sempre excepções. Além disso, nenhuma espécie possui todas as características típicas de um bom invasor, e nem todas essas características são essenciais para que uma espécie se torne invasora (Vanderhoeven et al., 2006; Soubeyran, 2008).

I.4. Vias de introdução de espécies invasivas

Durante séculos, o homem interferiu na natureza, transportando milhares de espécies para longe das suas zonas de origem. èmeMas desde meados do século XX, com a globalização da economia e o desenvolvimento dos transportes, do comércio e do turismo que a acompanha, os movimentos de espécies e as invasões biológicas aceleraram consideravelmente (Vanderhoeven et al., 2006; Van Kleunen et al., 2010). As rotas de introdução dividem-se em duas categorias (Fumanal, 2007; Soubeyran, 2008; UICN/PACO, 2013).

A primeira é a introdução acidental em zonas degradadas ou desocupadas, onde podem facilmente estabelecer-se e propagar-se quando uma população pioneira se tiver estabelecido. Áreas como estradas, bermas de estradas, caminhos-de-ferro, pistas de aterragem, pedreiras, estaleiros de construção, esgotos, ribeiros e mesmo entradas formais de parques e áreas de estacionamento podem trazer propágulos para locais onde podem começar a estabelecer populações de plantas na ausência de qualquer concorrência.

A segunda via comum para a introdução de plantas invasoras é a plantação intencional de espécies exóticas para florestas de produção, delimitação de fronteiras, sombra, embelezamento e até produção de alimentos. Estas podem ser gramíneas, arbustos, plantas de jardim ou árvores que, após um período de tempo, se aclimatam e se tornam capazes de se propagar, particularmente se tiverem (ou recuperarem através da adaptação gradual ao seu novo habitat) uma ou mais das características invasoras. Pode tratar-se de espécies benignas (e não invasoras) noutras situações em que têm inimigos naturais, mas que num novo local podem manifestar as suas tendências invasoras. Ou, no caso de certas plantas com flor, pode levar décadas até que um polinizador comece a visitar as flores e sejam produzidas sementes férteis.

Outros autores, tais como Joy B. & Kercher (2004); Muoghalu & Chuba (2005) Blanfort et al (2009) e Fleriag (2009) referem várias outras vias e vectores para a entrada de plantas exóticas num território, tais como pessoas e suas roupas, bagagens, mercadorias comerciais, entregas, contentores, materiais de construção, eliminação de lixo e resíduos de jardim, movimentos de gado, migrações de animais selvagens, rios e eventos naturais como tempestades e inundações.

I.5. Factores de sucesso que influenciam a invasão biológica

Não existe consenso sobre os factores subjacentes ao sucesso das espécies invasoras ou sobre a possibilidade de prever estas invasões (Heger & Trepl, 2003; Guo, 2006; Williamson, 2006). A identificação de características que possam prever quais as espécies susceptíveis de se tornarem invasoras, ou quais as comunidades susceptíveis de serem invadidas, tem sido objeto de muita investigação e continua a ser amplamente debatida (Bifolchi, 2007). A probabilidade de uma espécie se tornar invasora parece resultar da combinação de múltiplos factores ecológicos, demográficos e genéticos. Estes são agrupados em factores bióticos e abióticos por Guo (2006) que sublinhou a sua importância na limitação das populações de invasores biológicos.

I.5.1. Factores bióticos

A capacidade de uma espécie invadir um ecossistema depende do seu grau de adaptação a esse ambiente, ou do seu potencial adaptativo (Lee, 2002). A plasticidade ecológica de certas espécies (tamanho, dieta, habitat), ao favorecer a sobrevivência e a reprodução dos indivíduos introduzidos, está intimamente correlacionada com o sucesso da sua invasão (Cassey, 2002; Cassey et al., 2004; Fournier, 2018; Zihalirwa et al., 2020). A elevada adaptabilidade a um ambiente e a plasticidade ecológica das espécies invasoras constituem a sua aptidão para a invasão e a sua primeira arma para se estabelecerem num novo ambiente.

Os factores demográficos intrínsecos à espécie (taxa de crescimento, disseminação) e os factores, muitas vezes únicos, associados a cada evento de introdução, como o número de indivíduos introduzidos e a frequência da introdução, por exemplo, podem influenciar o comportamento de uma espécie potencialmente invasora. Numerosos estudos sublinham o papel preponderante da pressão de introdução, ou seja, o número de indivíduos introduzidos e a frequência das introduções, no sucesso das invasões biológicas (Woods, 1997; Lefeuvre, 2016).

As características da comunidade hospedeira também influenciam o sucesso da invasão de uma espécie introduzida. As interacções entre espécies introduzidas e nativas podem induzir alterações evolutivas através da exclusão competitiva, da deslocação de nichos, da hibridação, da predação e mesmo da extinção (Woods, 1997; Guo, 2006; Mooney & Cleland, 2001; Williamson, 2006). No entanto, os aspectos evolutivos das invasões são pouco estudados (Lee, 2002) pelo que o facto de as invasões envolverem a introdução de novos genótipos e alelos é menosprezado (Piry et al., 2004).

Além disso, é muito provável que as actividades humanas gerem oportunidades de colonização através da criação de novos recursos, da redução da presença de inimigos naturais, etc. (Zihalirwa et al., 2020)etc. De acordo com Vitousek et al (1997) e Rejmánek et al. (2013)os eventos invasivos podem ser favorecidos em ambientes perturbados e habitats degradados. A perturbação torna os ambientes sensíveis à invasão, criando aberturas nas quais a probabilidade de uma nova espécie se estabelecer é geralmente mais elevada. Em contrapartida, os ambientes naturais pouco perturbados e bem estruturados são susceptíveis de serem altamente resistentes à invasão.

I.5.2. Factores abióticos

As espécies invasivas evoluem em resposta ao seu ambiente. A semelhança e a proximidade das áreas de origem e de introdução desempenham um papel importante na invasão de espécies não nativas potencialmente invasivas. Byers et al (2002) sugerem que a caraterização dos factores que limitam a persistência de uma espécie na sua zona de introdução, nomeadamente na frente de invasão, pode permitir simular as condições que determinam a sua distribuição geográfica.

Dukes & Mooney (1999) salientam a importância das alterações climáticas no aumento das invasões biológicas. Com os seus efeitos directos e indirectos nos ecossistemas, as espécies alóctones e indígenas estão a reagir de formas diferentes. Algumas são favorecidas e expandem as suas populações em detrimento de outras.

I.6 Impactos das espécies invasoras

Os impactos ecológicos, económicos e sanitários das espécies invasoras, particularmente das plantas invasoras, podem ser difíceis de determinar (Bifolchi, 2007) e a sua extensão varia consoante a espécie invasora e/ou os ecossistemas invadidos. Dependendo das características possuídas por uma planta, a sua invasão conduz a vários tipos de danos à biodiversidade e pode resultar no declínio ou mesmo na extinção de espécies nativas a nível local ou na modificação de habitats. (IUCN/PACO, 2013).

O valor ecológico e mesmo económico dos ecossistemas depende da existência de comunidades de espécies altamente diversificadas (Jacques et al., 2006). No entanto, um dos principais impactos das invasões biológicas é a homogeneização dos ecossistemas, reduzindo a riqueza específica dos estágios de desenvolvimento das espécies (Habonayo et al., 2019). Como resultado, os serviços ecossistémicos essenciais de um ecossistema invadido são reduzidos.

Quando se trata de espécies exóticas invasoras, os danos são muito maiores, como mostram os resumos que se seguem. Soubeyran (2008). Podem incluir :

- alteração do funcionamento do ecossistema natural ou semi-natural ao nível dos processos ecológicos;
- em termos de composição dos ecossistemas, regressão, hibridação ou desaparecimento de espécies indígenas;
- em termos de actividades económicas, penalizar os rendimentos agrícolas ou o valor turístico das paisagens;
- em termos de saúde humana, provocam alergias ou favorecem a transmissão de agentes patogénicos (vírus, bactérias).

I.7. Invasões biológicas no Burundi

A proliferação de espécies invasoras é uma realidade no Burundi, onde têm um impacto importante na diversidade dos ecossistemas naturais e dos agro-ecossistemas. As causas identificadas para esta proliferação são principalmente a introdução descontrolada de espécies exóticas, a rápida substituição das raças e variedades agrícolas em uso, o desequilíbrio ecológico devido à sobre-exploração dos recursos biológicos e as alterações climáticas. (Masabo & Nindorera, 2019).

A introdução de espécies exóticas em certas áreas protegidas é atualmente uma ameaça real. Por exemplo, a proliferação do jacinto de água no Lago Tanganica e no Lago Rweru, na Paisagem Aquática Protegida do Norte e na zona circundante, tornou-se cada vez mais preocupante. A invasão do Parque Nacional de Rusizi e da floresta natural de Murehe pela *Lantana camara* já levou à supressão de vários tipos de formações vegetais.

A propagação da liana invasora *Sericostachys* scandens (Habonayo et al., 2019) no Parque Nacional de Kibira e na Reserva Natural da Floresta de Bururi, onde está a ter um grande impacto na diversidade dos povoamentos florestais, é um exemplo eloquente dos efeitos do desequilíbrio ecológico (Zihalirwa et al., 2020). Este desequilíbrio favorece a proliferação de certas espécies (mesmo indígenas) em detrimento de outras devido à ausência de um regulador (concorrente ou predador eliminado).

CAPÍTULO II: MATERIAIS E MÉTODOS

II.1 Apresentação da zona de estudo

O rio Ruvubu faz parte da grande bacia do rio Nilo, uma vez que a rede hidrológica do Burundi compreende duas grandes bacias hidrológicas:

- a bacia do Congo, o segundo maior rio do mundo depois do Amazonas;
- a bacia do Nilo, o rio mais longo do continente, que tem a sua nascente a sul no Burundi (MEEATU, 2014).

A maior parte (mais de um quarto) da água do Burundi que alimenta o Nilo é drenada pelo Ruvubu, o curso de água mais importante do Burundi e o seu afluente mais a sul (Bizuru, 2005).

Parte da bacia do Alto Akagera, o rio Ruvubu tem a sua nascente nas montanhas da cordilheira Congo-Nilo. Ao longo dos seus 285 km de comprimento no Burundi, o Ruvubu recebe numerosos afluentes, sendo os principais o Kinyankuru, o Ndurumu, o Nyakigezi, o Mubarazi, o Ruvyrironza, o Nyabaha e o Kayongozi. A maior parte destes rios tem a sua nascente na cordilheira Congo-Nilo. O Ruvubu atravessa três regiões naturais ecologicamente diferentes: Buyenzi, Kirimiro e Bweru. (APRN/BEPB, 2012).

O rio Ruvubu corre através de um parque nacional com o seu nome e o parque é um dos quatro sítios Ramsar do Burundi. O rio serpenteia amplamente, com pouco caudal entre a entrada e a saída do parque. [2]A bacia hidrográfica do Ruvubu cobre 10.200 km e os pântanos do Ruvubu estão em grande parte inundados e ocupados por pântanos permanentes (Bizuru, 2005; Masharabu, 2011). A Figura II.1 mostra a localização do rio Ruvubu e a nossa área de estudo.

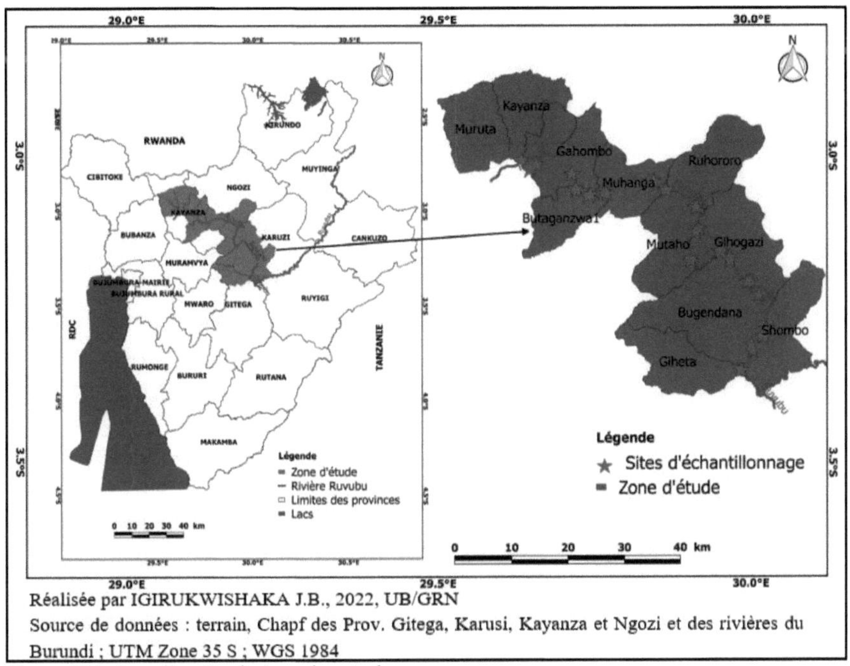

Figura II.1. Localização da área de estudo

II.2 Equipamento de recolha de dados

O equipamento utilizado neste estudo é constituído por :

- Equipamento utilizado para inventariar a flora: decâmetro (50 m), jornal e prensa mecânica, tesoura de poda, um registo para anotar as observações;
- Um recetor GPS Garmin para obter as coordenadas geográficas;
- Excel 2013, MVSP (Multi Variate Statistical Package) e software QGIS 3.4.12 utilizados para o processamento de dados, análise e representação cartográfica da área de estudo.

II.3 Recolha de dados

A abordagem fitossociológica da recolha de dados foi privilegiada. Isto porque, segundo Bouzillé (2007)no contexto atual de preocupação com a biodiversidade, os dados fitossociológicos podem ser utilizados como referência para diagnosticar o estado da biodiversidade dos habitats naturais.

A amostragem foi efectuada em locais semi-naturais nos pântanos do rio Ruvubu. A zona de amostragem estendeu-se desde a ponte da estrada nacional n.º 1 (RN1) até à ponte da estrada nacional n.º 12 (RN12), todas elas situadas no rio Ruvubu (Fig. II.1). A escolha destes sítios foi motivada pelo seu elevado nível de perturbação devido à sua acessibilidade facilitada pela presença de pontes (Rejmánek et al., 2013).. Foram recolhidos dados de 38 levantamentos fitossociológicos na proximidade de pontes que atravessam o rio, divididos em 19 sítios.

Em cada um destes locais, foi escolhida uma área representativa para a colheita com base na homogeneidade florística e fisionómica da vegetação, ou seja, na estrutura e composição da vegetação, reflectindo a homogeneidade ecológica. A colheita foi efectuada segundo a técnica da área mínima e os limites do levantamento foram definidos de forma a evitar zonas de contacto entre diferentes espécies vegetais.

II.3.1. Determinação da superfície mínima

A superfície mínima designa a superfície que deve ser inventariada (na qual são inventariadas as espécies vegetais presentes) e que é representativa, ou seja, que contém quase todas as espécies da comunidade vegetal e para além da qual o número de espécies já não aumenta.

De acordo com Meddour (2011)[2]a área mínima num ambiente herbáceo deve ser inferior a 100 m . [22]No presente estudo, considerámos uma área mínima que varia entre 32 m e 64 m, em função da diversidade de espécies presentes numa área a ser estudada e do seu grau de homogeneidade.

O método clássico foi utilizado para determinar a superfície mínima. [2]Consiste em delimitar uma superfície de 1 m num tapete de cobertura vegetal em que a homogeneidade foi reconhecida e registar todas as espécies que aí crescem. A superfície é então duplicada de cada vez, tendo o cuidado de registar todas as espécies que aparecem até à superfície em que o número de espécies já não varia.

O princípio consiste em considerar o número de espécies em função da superfície. A lista de espécies registadas aumenta à medida que a superfície do estudo aumenta, mas de forma não linear. A partir de um certo ponto, a curva que representa o número de espécies em função da superfície recenseada apresenta um patamar. O início deste patamar corresponde à área mínima que dá uma grande probabilidade de ter observado quase todas as espécies do indivíduo do grupo.

Em cada levantamento, são recolhidas informações sobre os dados florísticos. Esta consiste numa lista das espécies presentes e, para cada espécie, numa estimativa da sua cobertura de acordo com o método de Braun-blanquet (1932).

II.3.2 Identificação das amostras

No campo, foram recolhidos e colocados em herbários exemplares de todas as espécies registadas. Os nomes científicos das espécies foram determinados numa fase preliminar, aproveitando os conhecimentos dos guias (três pessoas mais velhas escolhidas em cada localidade) que forneceram os nomes vernáculos. De seguida, foram consultadas as obras de Merlier & Montegut (1982); Reekmans & Niyongere (1983); Troupin (1978, 1983, 1985, 1988) ; LeBorgeois & Merlier (1995); Fischer & Killmann (2008) e Habiyaremye & Nzigidahera (2016); Nzigidahera et al. (2020). Além disso, as amostras são comparadas com as colecções do herbário da Faculdade de Ciências da Universidade do Burundi.

II.4. Tratamento dos dados

II.4.1. Dados florísticos

Para verificar a homogeneidade dos agrupamentos, foi efectuada uma análise de frequência. Foi elaborado um histograma das classes de frequência. De acordo com Raunkiaer (1934)podemos decidir se uma tabela é homogénea ou não com base na forma do histograma. Se o histograma tiver a forma de um L, U ou J invertido, então a tabela pode ser considerada homogénea; caso contrário, a tabela é heterogénea.

A análise da flora começou por estabelecer a composição de espécies do meio (riqueza de espécies) e calcular os índices de diversidade: diversidade de Shannon (H'), diversidade de Simpson (D) e regularidade (equitabilidade) de Piélou (E).

Índice de Shannon (H')

O índice de diversidade de Shannon é um índice derivado da teoria da informação que tem em conta a abundância relativa das espécies e a riqueza total de espécies (Ricklefs & Miller, 2005). É essencial ter em conta a abundância das espécies no cálculo do índice de diversidade, uma vez que os seus papéis funcionais na comunidade variam em função da sua abundância. Este índice é utilizado porque, segundo Ramade (2009)é relativamente independente do tamanho da amostra. Ele é dado pela expressão :

$$H = \frac{\Sigma(ni)}{N} \log_2 \frac{ni}{N} \qquad ou \qquad H = -\Sigma\, pi \log_2 pi \qquad em\ que \begin{cases} n : \text{a abundância da espécie} \\ N : \text{número total de espécies} \\ p : \text{a abundância proporcional} \\ \text{de cada espécie} \end{cases}$$

$_2$O índice de Shannon é zero quando existe apenas uma espécie e o seu valor máximo é igual a log N quando todas as espécies têm a mesma abundância. (Dajoz, 2006).

Índice de Simpson (D)

O índice de Simpson é um índice de dominância. Por um lado, o valor 1 é atingido se houver apenas uma espécie presente (N=1), ou seja, se houver uma dominância completa. Por outro lado, obtêm-se valores que tendem para 0 se houver um grande número de espécies (ausência de dominância). Este índice é dado pelo rácio ·

$$D = \frac{\Sigma(ni)^2}{N} \ ou\ D = \Sigma(pi)^2 \qquad em\ que \begin{cases} N: \text{o conjunto de todos os valores de importância} \\ \text{definida} \\ n : \text{a importância de cada um dos constituintes de} \\ \text{cada espécie} \\ p : \text{probabilidade de cada parte do conjunto ou} \\ \text{abundância relativa de cada espécie} \end{cases}$$

A diversidade deste índice de Simpson é dada pelo seu índice recíproco (1-D), pelo que um índice elevado reflecte uma diversidade elevada.

Equitabilidade (E) ou índice de Piélou

O índice de equitabilidade ou regularidade reflecte a estabilidade das espécies. Mede o grau de diversidade alcançado por um povoamento em relação ao seu valor máximo, e pode ser utilizado para comparar dois grupos que não têm o mesmo número de espécies. ¡Utiliza também, de forma não direta, a relação n /N e o seu valor máximo é igual a 1. É obtido por :

$$E = \frac{H}{\log_2 N}$$

A utilização conjunta destes três índices permite um estudo mais exaustivo da informação sobre a estrutura da comunidade (Grall & Coic, 2006).

A flora foi também analisada através de descritores não taxonómicos (tipos biológicos, tipos de diásporos, tipos fitogeográficos).

Para os tipos biológicos (TB), o Raunkiaer (1934) modificada por Lebrun (1947) foi utilizado. Este sistema é utilizado por outros autores (Bangirinama, 2010; Bizuru, 2005; Hakizimana et al., 2012; Masharabu, 2011; Nduwimana, 2014) e reconhece Fanerófitos (Ph), Camétitos (Ch), Hemicriptófitos (Hc), Terófitos (Th), Geófitos (Ge) e Hidrófitos (Hy).

Para os tipos fitogeográficos, o Lebrun (1947) modificado por (White, 1979, 1983) foi utilizado. Este sistema foi utilizado em trabalhos efectuados no Burundi (Bangirinama, 2010; Bizuru, 2005; Hakizimana et al., 2012; Masharabu, 2011; Nduwimana, 2014) onde reconhecemos espécies com uma ampla distribuição pelo globo (Cos), espécies pantropicais (Pan); espécies paleo-tropicais (Pal); espécies afrotropicais (Afr trop); espécies multi-regionais africanas (Plur Afr); espécies montanhosas (Mo), espécies de ligação (Li Mo-SZ, Li G-Mo); espécies sudanozambezianas (SZ).

Para os tipos de diásporos, foi considerada a reprodução sexual. Os diásporos em causa são frutos ou sementes. O sistema de classificação utilizado é o de Dansereau & Lems (1957) que reconhece os Sarcochores (sarco), os Desmochores (Desmo), os Sclerochores (Scléro), os Pterochores (ptéro), os Pogonochores (Pogo), os Ballochores (Ballochores), os Barochores (Baro) e os Hydrochores (Hy).

Foram estabelecidos espectros ponderados para estes descritores não taxonómicos. O espetro ponderado (WS) em % é o rácio entre a soma dos valores de recuperação (Ri) de todas as espécies (U) que apresentam o traço de vida e a soma dos valores de recuperação de todas as espécies (N).

$$SP = \frac{\sum_{i=1}^{u} R_i}{\sum_{i}^{N} R_i} \cdot 100$$

O software MVSP (Multi Variate Statistical Package) foi utilizado para individualizar os agrupamentos. O MVSP segrega os levantamentos com base na afinidade entre eles e caracteriza os agrupamentos formados pelas espécies e seu índice de abundância-dominância.

II.4.2. Identificação de espécies invasivas

A determinação das espécies invasoras exigiu a combinação de 3 critérios: a taxa média de cobertura, a frequência das espécies e as características biológicas da plasticidade específica da espécie dominante invasora.

II.4.2.1. Taxa de recuperação

O primeiro indicador de uma espécie invasora num ambiente é o seu elevado grau de dominância. Neste estudo, foi calculado o espaço médio (cobertura) coberto por todas as espécies em todos os levantamentos. A taxa de recuperação exprime a transformação dos coeficientes de abundância-dominância das espécies num valor semi-quantitativo para cada espécie no seu meio. Consiste em encontrar a média do espaço (cobertura) coberto por todas as espécies (Emj) em todos os levantamentos; é dada pela expressão seguinte:

$$Emj = \frac{\Sigma_{ni}^{N} RMi}{P}$$

em que N= número total de espécies
RMi: recuperação média de cada espécie
De acordo com P: número total de leituras ante tem uma taxa de cobertura de 75-100%; neste estudo, a cobertura média para uma espécie dominante é dada pela fórmula Emj X 75% de acordo com o limite inferior de abundância-dominância, assumindo que este espaço é dominado por uma única espécie. Para efeitos do presente estudo, uma espécie invasora é qualquer espécie cuja cobertura seja igual ou superior a 2%. (Blanfort et al., 2009; Van Kleunen et al., 2010)..

II.4.2.1. Frequência

Foi analisada a frequência das espécies listadas. Uma espécie com uma frequência igual ou superior a 60% é considerada invasora (Blanfort et al., 2009; Van Kleunen et al., 2010).

II.4.2.2. Características biológicas da plasticidade específica

A caraterização de uma invasão biológica deve obedecer a um certo número de critérios. As características tidas em conta neste trabalho estão agrupadas em oito categorias. São elas °°°1 reprodução sexual (por flor entomógama ou flor bissexual); 2 reprodução assexuada ou vegetativa (por folha, estaca, rizoma, estolho); 3 disseminação (anemocoria, zoocoria, hidrocoria,...°°°°°); 4 banco de sementes (frutos por caule $\geq$ 10, sementes por vagem $\geq$ 10); 5 tamanho da semente (> ou < tamanho do eleusine); 6 resistência às intempéries (presença de espinhos ou pêlos, armazenamento de água, resistência ao fogo, sabor amargo); 7 tempo de vida (anual ou plurianual); 8 ausência ou presença de predadores (Van Kleunen et al., 2010).

A análise das características biológicas da plasticidade específica das invasoras incidiu sobre as espécies presumivelmente invasoras em função da sua taxa de cobertura média (2%) e da frequência (60%) das espécies dominantes.

Uma espécie terá o máximo de hipóteses de ser invasora quando todas as características destas categorias estiverem presentes. Terá a menor probabilidade se uma das características de cada categoria estiver presente, mas é de notar que uma caraterística ausente de uma categoria pode ser substituída por uma caraterística de outra categoria. Neste caso, a espécie pode ter um número de características maior ou igual a 8, independentemente das categorias de características.

a. Reprodução

As plantas podem reproduzir-se de forma sexuada, assexuada ou ambas. A reprodução sexual é efectuada por órgãos sexuais na flor. Nas espécies vegetais invasoras, a elevada capacidade de reprodução é uma caraterística importante. A reprodução assexuada também desempenha um papel importante nas espécies invasivas. A reprodução assexuada pode assumir a forma de estacas, rizomas, estolhos ou mesmo folhas. A combinação das duas vias pode ser responsável por uma demografia mais dinâmica e uma capacidade de propagação mais rápida nas espécies vegetais invasoras.

b. Divulgação

Existem vários vectores de dispersão reconhecidos: a gravidade, o vento, a água, os animais ou a expulsão pela própria planta. O estudo considerou o vento, a água e os animais como vectores de disseminação a longa distância.

c. Banco de sementes e tamanho

Uma planta que produz um grande número de sementes (diásporos) tem grande probabilidade de colonizar rapidamente o ambiente. A facilidade de disseminação depende do tamanho das sementes (diásporos). A referência utilizada neste estudo é o tamanho de uma semente de eleusina (aproximadamente 1mm de diâmetro). O vento dispersa facilmente as sementes mais pequenas ou iguais ao tamanho de referência (Bavumiragiye & Niyonkuru, 2018).

Para compreender as adaptações à reprodução e disseminação das espécies inventariadas, o nosso trabalho baseou-se em estudos de outros autores (Muoghalu & Chuba, 2005; Agboola &

Joseph, 2014 e Lisan, 2014) sobre banco de sementes, tamanho das sementes e resistência às intempéries.

d. Resistência às intempéries

As espécies invasoras apresentam um certo número de adaptações para fazer face às variações das condições ecológicas, mas também para afastar os predadores. Durante este estudo, os tipos de adaptações tidos em consideração foram a presença de espinhos ou pêlos, a reserva de água, a resistência ao fogo, o sabor amargo e o odor repulsivo.

e. Vida útil

O tempo de vida de uma espécie influencia a época de floração. Se uma planta tem uma longa duração de vida, é mais provável que tenha vários períodos de floração e produza muitos diásporos. Ou, se o tempo de vida for curto, a planta amadurecerá cedo e produzirá diásporos muito cedo. Desta forma, temos plantas sazonais, anuais ou plurianuais.

f. Ausência de inimigos (predadores, agentes patogénicos, etc.)

O equilíbrio na natureza é o resultado de interacções entre os componentes da biocenose e também entre a própria biocenose e o seu biótopo. Este equilíbrio pode ser perturbado pela introdução de um elemento estranho à biocenose ou pela eliminação de um elemento da biocenose.

Uma planta invasora proveniente de uma área remota (geográfica e/ou ecologicamente) tem uma baixa probabilidade de, no seu novo território, encontrar inimigos (predadores, parasitas, etc.) que limitaram o seu crescimento no seu local de origem.

Além disso, a eliminação de um predador de uma espécie num ecossistema pode levar à proliferação de populações dessa espécie presa, o que, por sua vez, pode ter consequências ecológicas prejudiciais. Tendo identificado as espécies invasivas utilizando os critérios acima referidos, para validar o seu carácter invasivo, utilizámos em particular o documento sobre o estado das espécies invasivas no Burundi de (Nzigidahera, 2017)[1]a Base de Dados Mundial sobre Espécies Invasoras da União Internacional para a Conservação da Natureza:(IUCN-GISD, 2021; IUCN, 2021).

---

[1] https://www.iucn.org/content/global-envahissante-species-database-gisd e http://www.iucngisd.org/gisd/

CAPÍTULO III: APRESENTAÇÃO DOS RESULTADOS

III.1 Esforço de amostragem

A lista das espécies registadas aumenta à medida que a superfície de observação aumenta, mas de forma não linear. [2]A partir de 32 m , a curva que representa o número de espécies em função da superfície recenseada apresenta um patamar, a superfície mínima (Fig. III.1).

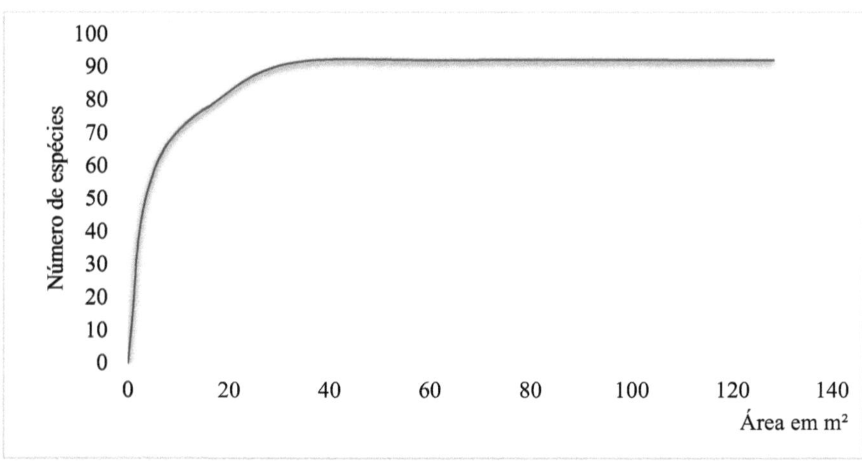

Figura III.1. Curva área-espécie esforço de amostragem

A análise das classes de frequência mostra que a amostragem foi efectuada num meio homogéneo, como ilustrado pela forma de J invertido do histograma (Fig. III.2). Esta análise mostra que 21 espécies se encontram na classe V (frequência de pelo menos 80%), 19 na classe IV (frequência de 60 a 79%), 27 na classe III (frequência de 40 a 59%), 42 na classe II (frequência de 20 a 39%) e 60 na classe I (frequência inferior a 20%).

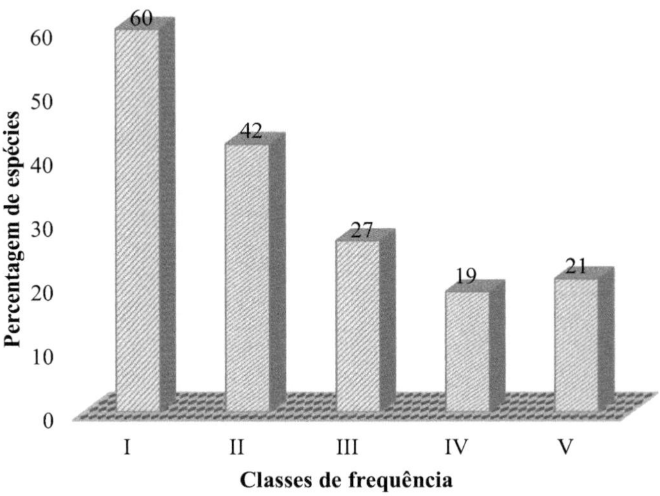

Figura III.2. Histograma das classes de frequência

III.2 Inventário florístico

III.2.1. Resumo florístico

O relatório florístico mostra 161 plantas em 54 famílias e 125 géneros (anexo 2) em 38 locais (anexo 1). As dicotiledóneas são as mais bem representadas (70,18%). As monocotiledóneas representaram 26,70%, enquanto as pteridófitas foram pouco representadas (3,10%) (Quadro III.1).

Quadro III.1. Distribuição das plantas inventariadas nos sapais do rio Ruvubu em taxa superiores

Sub-ramo	Classes	Famílias	Géneros	Espécies
		Força de trabalho		
Pteridófitas	**Filicopsida**	4 (7,40%)	4 (3,2%)	5 (3,10%)
Magnoliophyta	**Liliopsida**	8 (14,81%)	28 (22,4%)	43 (26,70%)
	Magnoliopsida	42 (77,77%)	93 (74,4%)	113 (70,18%)
Totais		**54 (100%)**	**125 (100%)**	**161 (100%)**

As famílias com maior número de espécies são, por ordem decrescente, as Poaceae com 29 espécies (17,39%), as Asteraceae com 24 espécies (14,91%), as Fabaceae com 17 espécies (10,56%), as Cyperaceae com 8 espécies (4,97%), as Malvaceae com 6 espécies (3,73%) e as Euphorbiaceae com 5 espécies (3,11%) (Fig. III.3).

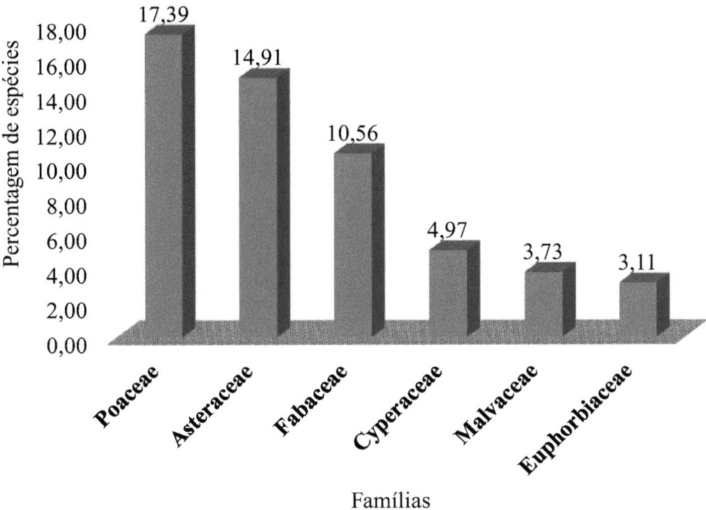

Figura III.3. Riqueza de espécies das famílias mais representadas nos sapais de Ruvubu

III.2.2. Tipos biológicos

Os resultados do cálculo do espetro ponderado dos tipos biológicos colocam os camfitos em primeiro lugar com 33,73% do total dos tipos biológicos, seguidos dos terófitos (19,70%) e dos geófitos (16,93%), depois dos fanerófitos (15,78%) e dos hemicriptófitos (13,77%). Por fim, os hidrófitos (0,096%) (Fig. III.4).

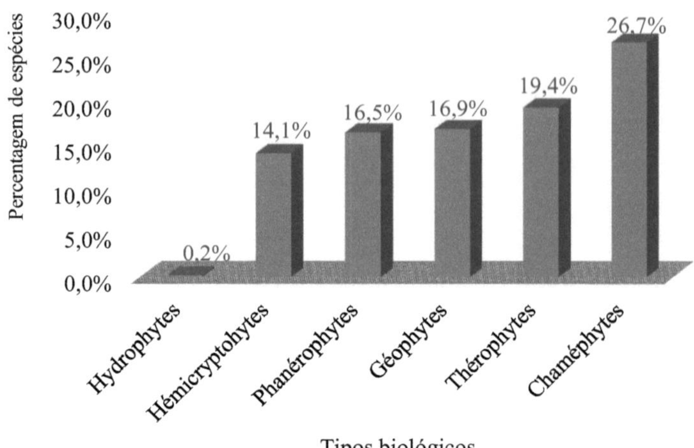

Figura III. 4. Espectro ponderado de tipos biológicos

III.2.3. Tipos de diáspora

A análise dos tipos de diásporos (Fig. III.5) mostra que os anemocoros (pogonocoros, pterocoros e esclerocoros) representam 56,37%, os autocoros (balocoros e barocoros) 23,49% e os zoocoros (sarcocoros e desmocoros) 20%.

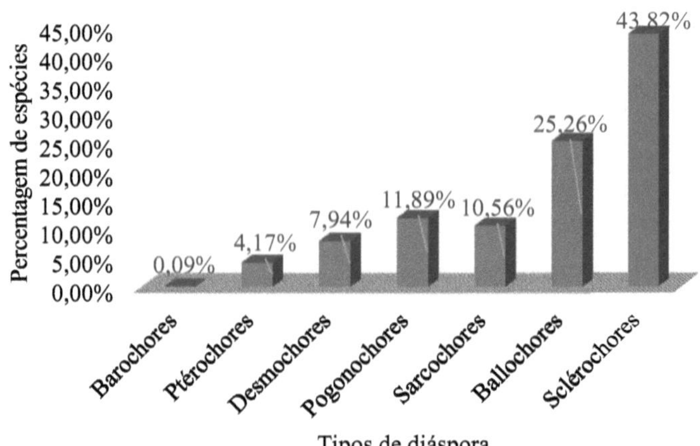

Figura III. 5. Espectro ponderado dos tipos de diásporos

38

III.2.4. Tipos fitogeográficos

A observação dos tipos fitogeográficos (Fig. III.6) mostra que as espécies amplamente distribuídas (Cos, Pan, Pal, Subcos, Afr-Am) são as mais abundantes com 62,04%. Seguem-se as espécies multi-regionais africanas (Plur Afr, Afro-Trop, Afr-Mal) com 19,42% e as espécies de distribuição regional (Mont, SG, SZ) com 11,70%). Seguem-se as espécies americanas introduzidas (5,30%) e finalmente as espécies de ligação (L.SZ-G, LSZ-Mo) com 1,54% das espécies inventariadas.

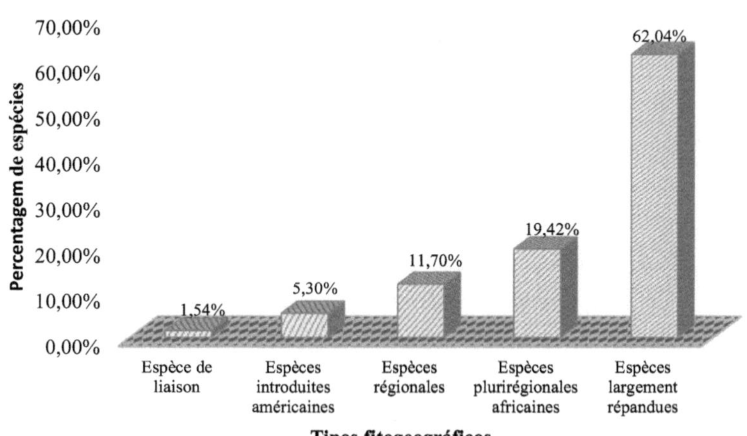

Figura III. 6. Espectro ponderado dos tipos fitogeográficos

III.2.5. Índices de diversidade

Os resultados do cálculo dos índices de diversidade de Shannon (H), Simpson (D) e Equitabilidade (E) são apresentados a seguir.

Quadro III.2. Valores da riqueza de espécies observada e índices de diversidade florística encontrados nos sapais do rio Ruvubu

Índices de diversidade	H'	1-D	E	N
valor	5,946	0,982	0,990	161

Este quadro mostra que o índice de diversidade de Shannon e o índice de equitabilidade são relativamente elevados, sendo superiores a metade do seu valor máximo, 3,66 e 0,5, respetivamente. $_2$O valor máximo do índice de diversidade de Shannon é igual a log N = 7,33.

Quanto ao índice de diversidade de Simpson, o seu valor (0,96) tende para o valor máximo, que é igual a 1.

III.2.6 Individualização dos grupos

A classificação hierárquica ascendente efectuada através do índice de dissimilaridade de Bray-Curtis mostra uma separação de quatro grupos por comunidade vegetal (Fig. III.7). A dissimilaridade dos agrupamentos situa-se entre 30 e 40%.

A reconstrução dos quatro grupos mostra que o grupo com *Ageratum conyzoides* L. e *Oplismenus burmanni* (Retz.) P.Beauv. (G1), constituído por 13 registos, tem 83 espécies com uma elevada frequência de *Carissa spinarum* L., *Acanthus polystachyus* Del., *Combretum collinum* Fresen., *Eragrostis tenuifolia* (A.Rich.) Hochst. ex Steud., *Oplismenus burmanni (Retz.) P.Beauv., Ageratum conyzoides* L.

O agrupamento com *Centella asiatica* (L.) Urb. e *Galinsonga parviflora* Cav. (G2), constituído por 9 registos, tem 67 espécies com uma elevada frequência de *Ageratum conyzoides* L., *Centella asiatica* (L.) Urb, *Commelina Africana* L., *Aspilia pluriseta* Schweinf, *Asplenium onopteris* L., *Commelina benghalensis* L., *Galinsonga parviflora* Cav, *Mimosa pigra* L., *Mimosa diplotricha* C.Wright, *Hyparrhenia dichroa* (Steud.) Stapf.

O agrupamento com *Centella asiatica* (L.) Urb. e *Cynodon dactylon* (L.) Pers. (G3), composto por 6 levantamentos, tem 77 espécies, com *Bidens pilosa* L., *Centella asiatica* (L.) Urb., *Commelina Africana* L., *Aspilia pluriseta* Schweinf..., *Asplenium onopteris* L., *Commelina benghalensis* L., *Galinsonga parviflora Cav, Asplenium onopteris* L., *Commelina benghalensis* L., *Galinsonga parviflora* Cav., *Cynodon nemfluensis* Vanderyst, *Cynodon dactylon* (L.) Pers, *Gynandropsis gynandra* (L.) Briq, *Polygonum glabrum* Willd., *Panicum maximum* Jacq, *Nephrolepis undulata* (Afzel. ex Sw.) J. Sm.

O agrupamento com *Pennisetum trachyphyllum* Pilg. e *Nephrolepis undulata* (Afzel. ex Sw.) J. Sm. (G4) tem 10 registos com 92 espécies e uma elevada frequência de *Bidens pilosa* L., *Centella asiatica* (L.) Urb., *Commelina Africana* L., *Commelina benghalensis* L., *Galinsonga parviflora* Ruiz & Pav, *Cynodon nemfluensis* Vanderyst, *Cynodon dactylon* (L.) Pers, *Polygonum glabrum* Willd, *Panicum maximum* Jacq, *Nephrolepis undulata* (Afzel. ex Sw.) J. Sm, *Imperata cylindrica* (L.) Beauv, *Kyllinga erecta* Schumach, *Pennisetum trachyphyllum* Pilg, *Lantana camara* L., *Oxalis corniculata* L.

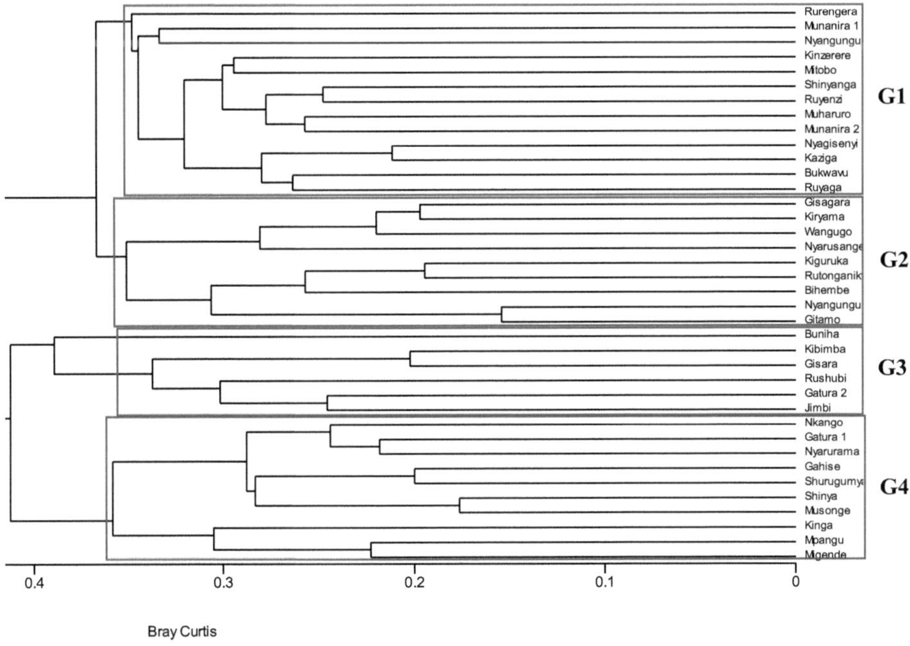

Figura III. 7. Hierarquia de agrupamento

III. 3 Espécies de plantas invasoras identificadas

III.3.1. Taxa de recuperação das espécies mais comuns

A elevada taxa de cobertura de uma espécie e a sua elevada frequência num meio constituem o primeiro indicador do seu carácter invasor. Para qualquer espécie com uma taxa de cobertura maior ou igual a 1, a sua frequência é testada (Fig. III.8).

41

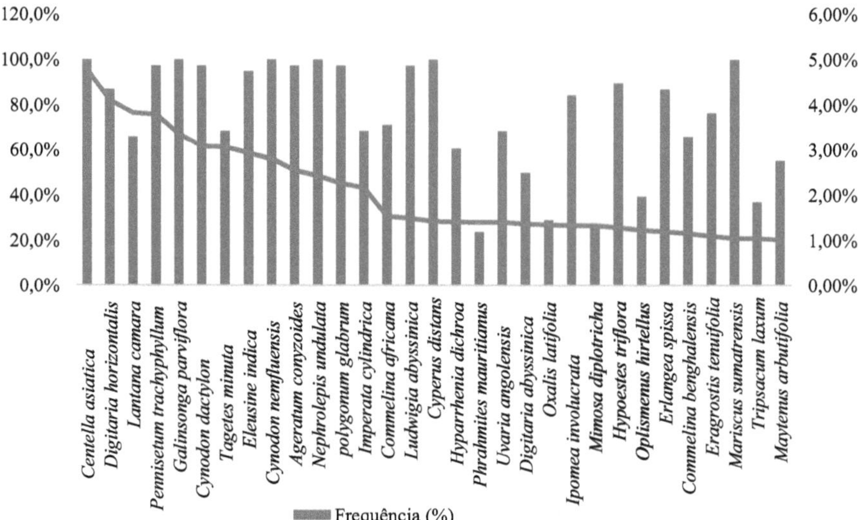

Figura III. 8. Taxa de cobertura média e frequência de espécies presumivelmente invasoras

A combinação da taxa de ocupação média (2%) e da frequência (60%) das espécies dominantes permite identificar 13 espécies invasoras. São estas as espécies que constam da Tabela III.3, com as respectivas taxas médias de ocupação e frequências.

Quadro III. 3. Espécies presumivelmente invasoras

Espécies	Recuperação	Frequência
Centella asiatica (L.) Urb.	4,79%	100
Digitaria horizontalis Willd.	4,10%	85
Lantana camara L.	3,82%	67,5
Pennisetum trachyphyllum Pilg.	3,79%	97,5
Galinsonga parviflora Cav.	3,35%	100
Cynodon dactylon (L.) Pers.	3,09%	97,5
Tagetes minuta L.	3,07%	65
Eleusine indica (L.) Gaertn.	2,93%	92,5
Cynodon nemfluensis Vanderyst .	2,80%	97,5
Ageratum conyzoides L	2,55%	92,5
Nephrolepis undulata (Afzel. ex Sw.) J. Sm.	2,43%	100
Polygonum glabrum Willd.	2,26%	97,5
Imperata cylindrica (L.) Beauv.	2,17%	70

III.3.2. Características biológicas da plasticidade específica das espécies dominantes invasoras

a. Reprodução

As espécies presumivelmente invasoras reproduzem-se tanto assexuada (vegetativamente) como sexuadamente, com exceção de *Tagetes minuta*, *Eleusine indica* e *Ageratum conyzoides*, que se reproduzem apenas sexuadamente, e *Nephrolepis undulata,* que se reproduz assexuadamente.

b. Divulgação

O vento, a água e os animais são vectores de disseminação de sementes a longa distância. A análise do modo de disseminação das sementes de espécies presumivelmente invasoras mostra que mais de metade delas são disseminadas pelo vento (anemocóricas: 50% escleróforas e 10,71% pogonóforas). A água e os animais desempenham um papel reduzido na propagação destas plantas. Apenas *a Lantana camara* é dispersada por aves (endozoocoria e diszoocoria) e *a Centella asiatica* pela água (hidrocoria).

c. Número e tamanho das sementes

A observação das sementes e do seu tamanho mostra que, à exceção da *Lantana camara*, que tem frutos e sementes de tamanho grande em relação ao tamanho de referência (o tamanho de uma semente de Eleusinia), todas as outras espécies presumivelmente invasivas têm sementes de tamanho próximo do de referência. Em termos de número, há centenas de sementes por caule.

d. Resistência às intempéries

As espécies consideradas invasivas neste estudo não apresentam adaptações particulares às intempéries em termos morfológicos, mas *a Lantana camara* apresenta uma adaptação mais pronunciada. *A Lantana camara* tem espinhos e as suas sementes são protegidas por uma camada mais espessa e dura. Os seus caules são mais resistentes à seca e conservam a sua capacidade germinativa durante mais tempo.

e. Vida útil

As espécies presumivelmente invasivas são plantas sazonais, com exceção da *Lantana camara*, que é anual ou mesmo plurianual.

f. Ausência de inimigos (predadores, agentes patogénicos, etc.)

As espécies *Digitaria horizontalis, Pennisetum trachyphyllum, Cynodon nemfluensis, Cynodon dactylon e Eleusine indica* podem ser utilizadas como forragem para ruminantes e *Galinsonga parviflora* para roedores. Outras espécies desenvolveram mecanismos de defesa contra todas as formas de predação. Estes incluem a emissão de odores repelentes (*Lantana camara, Tagetes minuta, Ageratum conyzoides* e *Polygonum glabrum*) e/ou espinhos (*Lantana camara* e *Imperata cylindrica*).

A combinação da taxa de cobertura média, frequência e características biológicas da plasticidade das espécies invasoras mostra que 13 espécies podem ser qualificadas como espécies invasoras nos sapais do rio Ruvubu, que é a área de estudo. Trata-se de *Centella asiatica, Digitaria horizontalis, Lantana camara, Pennisetum trachyphyllum, Galinsonga parviflora, Cynodon dactylon, Tagetes minuta, Eleusine indica, Cynodon nemfluensis, Ageratum conyzoides, Nephrolepis undulata, Polygonum glabrum* e *Imperata cylindrica*.

Além disso, algumas espécies apresentam sinais de invasividade se os critérios forem considerados separadamente. Tendo em conta a taxa média de cobertura, *Oxalis latifolia, Mimosa diplotricha, Mimosa pigra, Xanthium strumarium, Panicum maximum, Acanthospermum australe, Kyllinga erecta, Phragmites mauritianus* e *Paspalum notatum* parecem ser as mais cobertas nos seus respectivos ambientes, embora não sejam comuns em toda a área de estudo. No entanto, destas, 2 espécies (*Kyllinga erecta* e *Phragmites mauritianus*) são rejeitadas por serem características de pântanos ou zonas inundadas.

III.3.3. Caracterização das plantas invasoras seleccionadas

As espécies seleccionadas como invasoras são as seguintes *Centella asiatica, Digitaria horizontalis, Lantana camara, Pennisetum trachyphyllum, Galinsonga parviflora, Cynodon dactylon, Tagetes minuta, Eleusine indica, Cynodon nemfluensis, Ageratum conyzoides, Nephrolepis undulata, Polygonum glabrum* e *Imperata cylindrica* (Fig. III.9).

Oxalis latifolia, Mimosa diplotricha, Mimosa pigra, Xanthium strumarium, Panicum maximum, Acanthospermum australe e *Paspalum notatum são* espécies invasivas nos seus respectivos ambientes no sítio estudado. São potencialmente invasivas na zona (Fig. III.10).

Figura III. 9. Imagens das 13 espécies invasoras seleccionadas nos pântanos de Ruvubu

Figura III. 10. Imagens das 7 plantas potencialmente invasoras nos sapais da Ruvubu

III.3.3.1 Gradiente florístico de plantas invasoras seleccionadas de acordo com os locais de estudo

Ao analisar o gradiente florístico das plantas invasoras seleccionadas de acordo com os locais de levantamento, a tendência da curva mostra que o número de plantas invasoras aumenta de montante para jusante do rio (Fig. III.11).

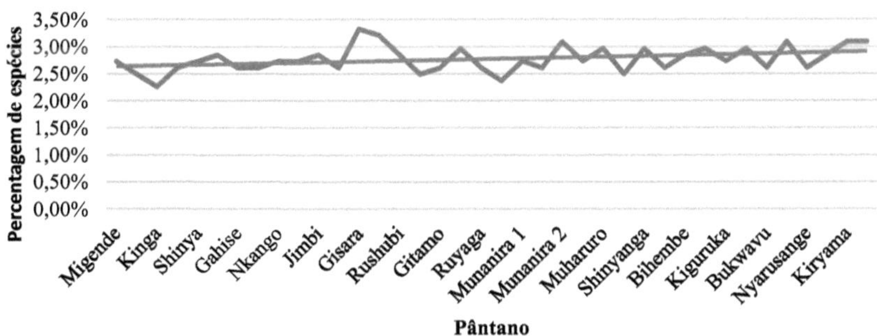

Figura III.11. Gradiente florístico de espécies invasoras seleccionadas de acordo com os locais de estudo

III.3.3.2. Famílias representativas de espécies invasivas

A análise das famílias representativas das espécies invasoras mostra que estas espécies estão divididas em seis famílias (Poaceae, asteraceae, Apiaceae, Nephrolepidaceae, Polygonaceae e Verbenaceae) com predominância de Poaceae (46,15%) e asteraceae (23,08%) sobre as outras famílias com 7,69% cada (Fig. III.12).

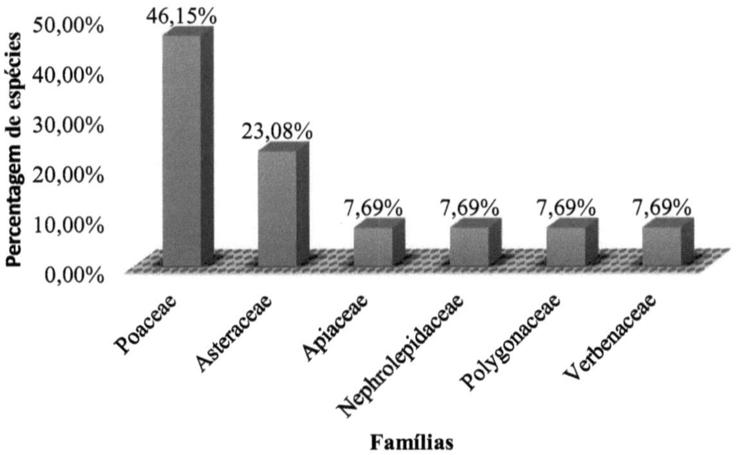

Figura III. 12. Riqueza de espécies das famílias mais comuns de espécies invasoras

III.3.3.3. Tipos fitogeográficos de espécies invasivas

As treze espécies invasoras seleccionadas dividem-se em espécies paleotropicais (70%), afro-tropicais (23,33%), montanas e americanas com 3,33% cada (Fig.III.13).

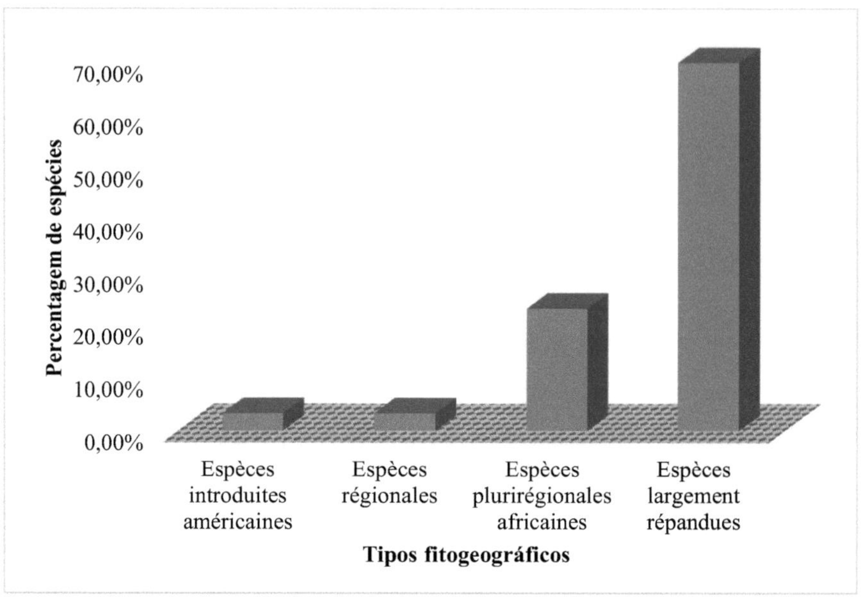

Figura III. 13. Espectro bruto dos tipos fitogeográficos das espécies invasivas seleccionadas

III.3.3.4. Tipos biológicos de espécies invasivas

Os resultados do cálculo do espetro bruto dos tipos biológicos das espécies invasoras colocam os camfitos em primeiro lugar com 38,71% do total dos tipos biológicos, seguidos pelos geófitos e hemicriptófitos (19,35%) para cada tipo. Os terófitos (12,90%) e os fanerófitos (9,68%) vêm em quarto e quinto lugar, respetivamente (fig. III.14).

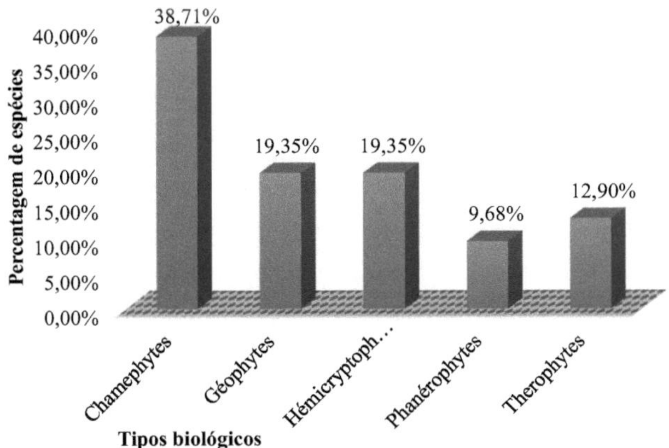

Figura III. 14. Espectro bruto de tipos biológicos de espécies invasivas seleccionadas

III.3.3.4. Tipos de diáspora de espécies invasivas

No que diz respeito à propagação sexual, a maior parte das espécies invasoras seleccionadas são propagadas pelo vento em mais de 60% (escleróforos: 50,00% e pogonóforos: 10,71%) e pela própria planta (balocóforos) em 28,57% ou por animais em 10% (sarcóforos: 7,14% e desmocóforos: 3,57%) (Fig. III.15).

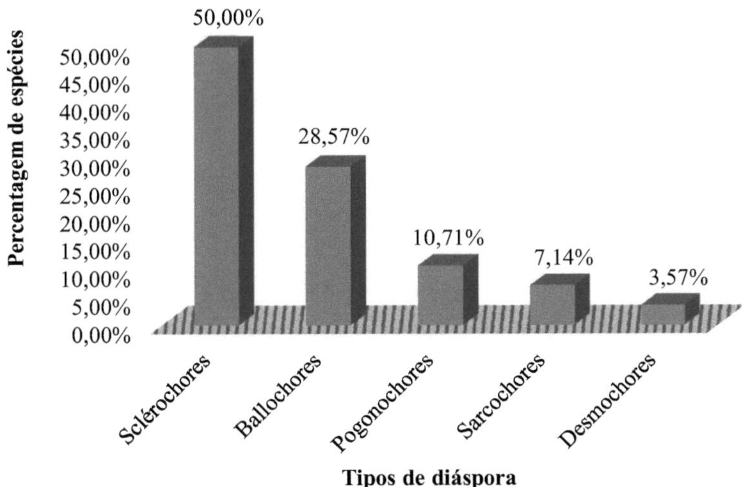

Figura III. 15. Espectro bruto dos tipos de diásporos de espécies invasivas seleccionadas

CAPÍTULO IV: DISCUSSÃO DOS RESULTADOS

IV.1 Composição florística

Os resultados mostraram que a classe Magnoliopsida domina os taxa dos pântanos do rio Ruvubu, com 113 espécies em 93 géneros e 42 famílias. Enquanto isso, a classe Liliopsida (monocotiledóneas) é representada por 43 espécies em 28 géneros e 8 famílias. A classe Filicopsida (fetos) está menos bem representada, com 5 espécies em 4 géneros e famílias. Estes resultados coincidem com os do estudo de Bigendako sobre a flora vascular do Burundi (Bigendako, 1989-1990 in Bizuru, 2005) e de outros autores que trabalharam sobre a flora do Burundi, tais como (Dushimirimana et al., 2010; Masharabu et al., 2014; Masharabu, 2011; Nduwimana et al., 2021).

A família Poaceae está mais representada nos pântanos de Ruvubu (17,39%), seguida das famílias Asteraceae (14,91%) e Fabaceae (10,56%) (Fig.4). A predominância destas três famílias pode ser explicada pelo seu modo de disseminação, com indivíduos que produzem um elevado número de diásporos, e sobretudo pela sua plasticidade ecológica, que lhes permite responder às alterações do meio. Estes resultados são semelhantes aos encontrados no vale do rio Murembwe por Bavumiragiye & Niyonkuru (2018).

Os nossos resultados mostram que a família Cyperaceae não é importante nos pântanos de Ruvubu, embora esteja mais adaptada a ambientes húmidos (Dushimirimana et al., 2010). Além disso, as Rubiaceae, Orchidaceae, Euphorbiaceae e Lamiaceae são menos importantes ou ausentes nos pântanos de Ruvubu, enquanto estas famílias são importantes no conjunto da flora do Burundi (Bizuru, 2005; Dushimirimana et al., 2010). Isto indicaria uma tendência regressiva da vegetação e uma pegada humana crescente nos pântanos de Ruvubu.

IV.1.1. Formas biológicas

Os resultados do cálculo do espetro ponderado dos tipos biológicos revelaram uma elevada abundância de camfitos (33,73%). Esta tendência chamfítica, caraterística das regiões húmidas mas frias, pode ser explicada pelo facto de a maior parte dos sapais estudados se encontrarem a grande altitude. As caméfitas correspondem à estratégia de tolerância ao stress, sendo o stress frequentemente trófico, hídrico ou relacionado com incêndios destrutivos. (Masharabu, 2011). Nos nossos resultados, a importância das caméfitas explica-se pela sua tolerância à água, dado que a nossa zona de estudo é inundada durante a estação das chuvas.

As terófitas representam 19,70% do total. Trata-se de plantas anuais que sobrevivem à estação má sob a forma de sementes ou de esporos. Os pântanos do rio Ruvubu são dominados pelas duas famílias Poaceae e Asteraceae, que são maioritariamente plantas anuais. A abundância de camfitas e terófitas confirma o carácter herbáceo da área de estudo devido à degradação da vegetação e à perturbação causada por cultivos repetidos.

É de notar que a vegetação é também invadida por espécies secundárias, espécies ruderais e espécies cultivadas e pós-cultivadas, como resultado da influência das actividades agrícolas nas áreas circundantes.

IV.1.2. Tipos de diáspora

A análise dos tipos de diásporos (Fig.III.5) mostrou que os pântanos de Ruvubu são dominados por plantas anemocóricas (pogonochores, pterochores, sclerochores). Estes resultados corroboram os de estudos efectuados em ambientes semelhantes (Bizuru, 2005; Masharabu, 2011). A anemocoria é a principal estratégia de disseminação das plantas em ambientes abertos (Nduwimana et al., 2021)como os pântanos do rio Ruvubu.

IV.1.3. Tipos fitogeográficos

Nos pântanos de Ruvubu, as espécies generalizadas dominam a flora. A análise dos resultados por tipo fitogeográfico mostra que as espécies generalizadas representam 62,04%, seguidas das espécies africanas multirregionais (19,42%) e 11,07% das espécies de distribuição regional. Isto mostra que os pântanos do rio Ruvubu estão a ser perturbados, o que teria levado ao desaparecimento de espécies da região, ao mesmo tempo que à colonização por espécies de outras regiões. As acções antropogénicas são a força motriz desta perturbação, como concluíram Dushimirimana e colegas (2010) nos pântanos de Nyamuswaga.

IV.1.4. Diversidade biológica

Com base nos resultados do inventário florístico (Apêndice 1), é notável que os sapais do rio Ruvubu tenham uma maior diversidade de espécies. De facto, a riqueza de espécies destes sapais ascende a 161 espécies.

O índice de diversidade de Shannon é de 5,94 e o índice de regularidade de Piélou é de 0,99. O índice de diversidade de Simpson é de 0,98. Considerando que a diversidade potencial para 161 espécies é de 7,33 e que a probabilidade de duas plantas sorteadas ao acaso pertencerem a duas espécies diferentes é de 0,98, podemos concluir que a diversidade específica dos sapais do rio Ruvubu é relativamente alta. Estes resultados corroboram os encontrados por Bizuru (2005) em pântanos de montanha.

Esta diversidade específica é atribuível à diversidade de biótopos existentes nos pântanos do rio Ruvubu: os pântanos estudados estão situados a diferentes altitudes. Além disso, os locais de estudo estão situados perto de pontes, nas imediações das estradas que atravessam o rio. Como estes locais são muito frequentados e perturbados devido à sua acessibilidade, podem servir de porta de entrada para novas espécies.

IV.1.5. Hierarquia de agrupamento

A classificação hierárquica ascendente permitiu-nos reconhecer quatro agrupamentos no sítio estudado. Ela mostra que as espécies se agrupam em função do gradiente altitudinal. Com efeito, a altitude diminui no sentido do fluxo do rio Ruvubu e podemos constatar que as espécies se agrupam em função da sua diversidade específica mais próxima. Estas últimas são formadas, elas próprias, em função do facto de se encontrarem a altitudes mais próximas.

O grupo G4 inclui os levantamentos efectuados a altitudes compreendidas entre 1.690 m e 1.565 m (nos pântanos das comunas de Kayanza, Gatara, Butaganzwa e Gahombo).

O grupo G3 inclui os levantamentos efectuados a uma altitude compreendida entre 1539 m e 1525 m (nos pântanos das comunas de Muhanga e Ruhororo).

O grupo G1 inclui os levantamentos efectuados a uma altitude compreendida entre 1503 m e 1461 m (nos pântanos das comunas de Ruhororo, Mutaho e Gihogazi).

O grupo G2 inclui os levantamentos efectuados a uma altitude compreendida entre 1452 m e 1411 m (nos pântanos das comunas de Bugendana, Gihogazi, Shombo e Giheta).

No entanto, a riqueza de espécies diminui na ordem destes agrupamentos: G4-G3-G1-G2. Esta observação é semelhante à efectuada por Bizuru (2005) nos pântanos do Burundi. De facto, este autor observou que os pântanos de montanha apresentam uma maior diversidade de espécies.

IV.2 Espécies invasoras identificadas

No que diz respeito à identificação de espécies invasoras, a combinação de critérios (taxa de cobertura média e características biológicas de plasticidade específica de invasoras) para as espécies dominantes levou à seleção de 13 espécies que poderiam ser descritas como invasoras nos sapais do rio Ruvubu, que é a área de estudo. Estas foram *Centella asiatica, Digitaria horizontalis, Lantana camara, Pennisetum trachyphyllum, Galinsonga parviflora, Cynodon dactylon, Tagetes minuta, Eleusine indica, Cynodon nemfluensis, Ageratum conyzoides, Nephrolepis undulata, Polygonum glabrum* e *Imperata cylindrica*. Estes resultados são semelhantes aos de Nzigidahera (2017) que estabeleceu a situação das espécies invasoras no Burundi. Algumas destas espécies já são citadas noutras localidades do Burundi. É o caso de *Cynodon dactylon,* considerada invasora na cidade de Bujumbura por Ndayisaba (2018) e *Eleusine indica* e *Ageratum conyzoides* relatados por Bavumiragiye & Niyonkuru (2018) nos vales do rio Murembwe. As espécies *Tagetes minuta*, Ageratum *conyzoides, Lantana camara, Eleusine indica, Galinsoga parviflora*, etc. são reportadas como invasoras mesmo noutros locais (OSS, 2020)

As plantas invasoras dominantes pertencem a seis famílias botânicas, duas das quais (Poaceae e Asteraceae) são as mais representadas e, em conjunto, representam 69,23% das espécies invasoras. Akodéwou et al (2019)que fizeram uma observação semelhante para estas duas famílias, justificam a sua grande quota-parte na riqueza de espécies invasoras pela sua significativa capacidade de dispersão e pela sua grande plasticidade ecológica.

Oxalis latifolia, Mimosa diplotricha, Mimosa pigra, Xanthium strumarium, Panicum maximum, Acanthospermum australe e *Paspalum notatum* são espécies invasivas nos seus respectivos ambientes no sítio estudado. Já foram citadas como espécies invasoras noutras regiões do Burundi e noutros locais (Osawa et al., 2013; IUCN/PACO, 2013; Nzigidahera, 2017; Bavumiragiye & Niyonkuru, 2018; Ben-ghabrit et al., 2018; Akodéwou et al., 2019).. São plantas potencialmente invasoras.

O Quadro IV.1 mostra alguns outros ambientes (no Burundi ou noutros locais) onde estas espécies invasivas ou potenciais invasoras já invadiram.

Quadro IV. 1. Alguns outros ambientes (no Burundi ou noutros locais) onde estas espécies invasivas ou potencialmente invasivas já invadiram

Espécies invasoras	Algumas zonas já invadidas
Centella asiatica	- Em todo o lado no Burundi (Nzigidahera, 2017) - Na Polinésia Francesa (Fourdrigniez & Meyer, 2008)
Digitaria horizontalis	- Na Gâmbia (CAB International, 2004) - Em Mayotte (Duperron et al., 2019)
Lantana camara	- Região de Bugesera (Nzigidahera, 2017) - Martinica, Guadalupe, Reunião, Mayotte, Nova Caledónia, Wallis e Futuna, Polinésia Francesa (Soubeyran, 2008) - Polinésia Francesa (Fourdrigniez & Meyer, 2008)
Pennisetum trachyphyllum	- Polinésia Francesa, Austrália, Califórnia (EUA), Colômbia, Equador, Havai, Ilha da Reunião, Nova Zelândia, Peru, Taiwan (Fourdrigniez & Meyer, 2008)
Galinsonga parviflora	- Em todo o lado no Burundi (Nzigidahera, 2017) - Na Bretanha (Quéré et al., 2011)
Cynodon dactylon	- Em todo o lado no Burundi (Nzigidahera, 2017) - Na Polinésia Francesa (Fourdrigniez & Meyer, 2008)
Tagetes minuta	- Em todo o lado no Burundi (Nzigidahera, 2017)
Eleusina indica	- Na Tunísia, Argélia, Marrocos e Líbia (OSS, 2020) - Nova Caledónia (Vanessa et al., 2009)
Cynodon nemfluensis	- Vale de Murembwe no Burundi (Bavumiragiye & Niyonkuru, 2018)
Ageratum conyzoides	- Em todo o lado no Burundi (Nzigidahera, 2017) - Madagáscar (Lisan, 2014) - em Togodo, Togo (Akodéwou et al., 2019)
Nephrolepis undulata	- Na Tanzânia (Witt et al., 2020)

	- No Malawi (Mwanyambo et al., 2020)
Polygonum glabrum	- Na Normandia, em França (Breton, 2014)

Quadro IV.1: Alguns outros ambientes (no Burundi ou noutros locais) onde estas espécies invasoras são potenciais ou já invadiram (continuação)

Imperata cylindrica	- Em todo o lado no Burundi (Nzigidahera, 2017) - em Togodo, Togo (Akodéwou et al., 2019)
Acanthospermum australe	- Depressão de Kumoso e regiões de Buyogoma e Bweru (Nzigidahera, 2017)
Xanthium strumarium	- Planície de Rusizi (Nzigidahera, 2017) - Na Polinésia Francesa (Fourdrigniez & Meyer, 2008)
Mimosa diplotricha	- Planície de Imbo, escarpas de Mumirwa inferiores (Nzigidahera, 2017) - Reunião, Mayotte, Nova Caledónia, Wallis e Futuna, Polinésia Francesa (Soubeyran, 2008) - Na Polinésia Francesa (Fourdrigniez & Meyer, 2008)
Mimosa pigra	- Em todo o Burundi, a altitudes inferiores a 2000 m (Nzigidahera, 2017) - em Togodo, Togo (Akodéwou et al., 2019)
Oxalis latifolia	- Madagáscar (Lisan, 2014) - Na Polinésia Francesa (Fourdrigniez & Meyer, 2008)
Panicum maximum	- em Togodo, Togo (Akodéwou et al., 2019) - Na Polinésia Francesa (Fourdrigniez & Meyer, 2008)
Paspalum notatum	- Na Guiana Francesa (Direção Regional do Ambiente da Guiana Francesa, 2010)

A análise dos tipos fitogeográficos das espécies invasoras seleccionadas mostra que todas estas espécies estão disseminadas, o que explica o seu grande potencial de colonização. Além disso, todas elas são espécies exóticas. Como se instalam frequentemente em terrenos perturbados, podem ser indicadores dessa perturbação (Lisan, 2014).

Através da sua proliferação mais preocupante (de acordo com a plasticidade específica invasiva observada) em detrimento dos locais, produzem alterações significativas na composição, estrutura e, consequentemente, de acordo com Bousquet et al (2016)o funcionamento dos ecossistemas.

Quanto ao modo de propagação, a análise dos tipos de diásporos confirma a plasticidade invasiva específica das espécies seleccionadas como invasoras. Estas espécies caracterizam-se pela sua capacidade de propagação pelo vento num ambiente aberto, como os pântanos do rio Ruvubu, e a longas distâncias (Dushimirimana et al., 2010). Este modo de propagação anemocórica justifica a grande riqueza das Poaceae e das Asteraceae. Estas últimas são constituídas por espécies com sementes pequenas e mais leves. Para além disso, as espécies invasoras estão adaptadas à reprodução assexuada.

Em termos de formas de vida, as camfitas são as mais abundantes (38,71%) das espécies invasoras encontradas nos sapais. Esta forma é uma adaptação para resistir às condições desfavoráveis do ambiente conquistado. De acordo com Masharabu (2011)a maioria das chamfitas corresponde à estratégia de tolerância ao stress. No caso dos pântanos do rio Ruvubu, o stress é em grande parte hídrico, especialmente com os períodos de inundação na estação chuvosa e de baixa água na estação seca.

O gradiente florístico das plantas invasoras seleccionadas para os locais de estudo aumenta de montante para jusante. O número de espécies invasivas aumenta com a direção do fluxo do rio Ruvubu.

Por outro lado, a riqueza de espécies aumenta na direção oposta à do caudal do rio. Certas espécies como *Aspilia pluriseta, Vernonia lasiopus, Sphaeranthus suaveolens, Setaria pumila, Microglossa pyrifolia, Hypoestes triflora, Gynandropsis gynandra, Guizotia scabra, Euphorbia tirucalli, Emilia caespitosa, Drymaria cordata, Crassocephalum vitellinum, Cassia corymbosa* e *Asplenium onopteris*, que foram frequentemente observados nos primeiros levantamentos (a montante do rio), eram raros ou mesmo ausentes nos últimos levantamentos (a jusante do rio).

Esta redução da riqueza de espécies a jusante dever-se-ia à substituição de certas espécies por espécies invasoras. Há duas razões possíveis para este fenómeno. A primeira é que as espécies invasoras aumentam proporcionalmente ao número de pontes que atravessam o rio e que podem servir de porta de entrada para novas espécies. A segunda razão é o facto de as águas do rio contribuírem para a dispersão dos propágulos das espécies. Assim, as espécies invasoras têm uma plasticidade ecológica mais elevada do que as outras espécies e estabelecem-se fácil e rapidamente.

CONCLUSÃO E SUGESTÕES

1. Conclusão

O objetivo geral deste trabalho, intitulado "Caracterização das plantas invasoras nos sapais do rio Ruvubu", foi contribuir para o conhecimento das plantas invasoras presentes nos sapais do rio Ruvubu, com vista a fornecer aos gestores da biodiversidade do Burundi uma ferramenta de referência para o controlo preventivo e curativo das plantas invasoras.

A metodologia utilizada para estudar a flora da nossa área de estudo é principalmente a de uma abordagem sistemática baseada em levantamentos fitossociológicos para estabelecer a riqueza florística destes sapais. A identificação das plantas invasoras foi efectuada através da combinação da taxa média de cobertura das espécies com as características de plasticidade das invasoras.

Os resultados obtidos mostraram que os sapais do rio Ruvubu são relativamente diversos, com 161 espécies, divididas em 125 géneros, pertencentes a 54 famílias. Dentre essas famílias, apenas seis são as mais bem representadas: Poaceae (17,39%), Asteraceae (14,91%), Fabaceae (10,56%), Cyperaceae (4,97%), Malvaceae (3,73%) e Euphorbiaceae com 3,11% das espécies inventariadas.

A análise dos tipos biológicos revelou um predomínio das camfitas (33,73%) sobre as terófitas (19,79%), geófitas (16,93%), fanerófitas (15,78%) e hemicriptófitas (13,77%).

A análise dos tipos de diásporos (Fig.3.5) mostra que os anemocoros (pogonocoros, pterocoros e esclerocoros) representam 56,37%, os autocoros (balocoros e barocoros) 23,49% e os zoocoros (sarcocoros e desmocoros) 20%.

Fitogeograficamente, as espécies generalizadas (62,04%) são as mais abundantes, seguidas das espécies multirregionais africanas (19,42%) e das espécies distribuídas regionalmente (11,70%), depois das espécies americanas (5,30%) e, por fim, das espécies de ligação (1,54%).

A combinação da taxa de cobertura média das espécies com as características de plasticidade das invasoras resultou na seleção de 13 espécies invasoras: *Centella asiatica*, *Digitaria horizontalis*, *Lantana camara*, *Pennisetum trachyphyllum*, *Galinsonga parviflora*, *Cynodon dactylon*, *Tagetes minuta*, *Eleusine indica*, *Cynodon nemfluensis*, *Ageratum conyzoides*, *Nephrolepis undulata*, *Polygonum glabrum* e *Imperata cylindrica*. As plantas invasoras seleccionadas pertencem a seis famílias botânicas, duas das quais (Poaceae e Asteraceae) são as mais representadas, representando 69,23% das espécies invasoras. O gradiente florístico das plantas invasoras seleccionadas aumenta de montante para jusante no rio.

Sete outras espécies *Oxalis latifolia*, *Mimosa diplotricha*, *Mimosa pigra*, *Xanthium strumarium*, *Panicum maximum*, *Acanthospermum australe* e *Paspalum notatum* são consideradas plantas potencialmente invasoras nos sapais do rio Ruvubu.

2. Sugestões

No final deste trabalho, foi evidenciada a composição florística e as plantas invasoras dos sapais do rio Ruvubu. No entanto, o conhecimento destas plantas não é suficiente para prevenir e curar as invasões biológicas no Burundi. Para uma gestão eficaz das invasões biológicas, é essencial continuar a investigação, em particular :

- estudos sobre as espécies invasivas no Parque Nacional de Ruvubu e sobre a distribuição atual e potencial das espécies invasivas já conhecidas no Burundi, a fim de definir um plano de gestão;
- estudos sobre espécies invasivas noutros pântanos e ecossistemas (naturais, semi-naturais ou antropizados) do Burundi.

Mas também é necessário desenvolver estratégias para uma ação eficaz e concreta de gestão das espécies invasoras, tendo em conta a diversidade ecológica e biológica dos ecossistemas do Burundi.

Referências

Abram, P. K., & Moffat, C. E. (2018). Repensando os programas de controle biológico como invasões planejadas. *Opinião atual em ciência dos insetos*, *423*, 1-7. https://doi.org/10.1016/j.cois.2018.01.011

Agboola, O., & Joseph, I. M. (2014). Impacto de *Tithonia diversifolia* (Hemsly) A. Gray no solo, diversidade de espécies e composição da vegetação em Ile-Ife (sudoeste da Nigéria), Nigéria. *International Journal of Biodiversity and Conservation*, *6*(7), 555-562. https://doi.org/10.5897/ijbc2013.0634

Akodéwou, A., Johan, O., Sêmihinva, A., Laurent, G., Koffi, A., & Gond, V. (2019). O problema das plantas invasoras no sul do Togo (África Ocidental): contribuição da análise de sistemas de paisagem e sensoriamento remoto. *Biotecnologia, Agronomia, Sociedade e Ambiente*, 23(2), 88-103.

Allen, W. L., Street, S. E., & Capellini, I. (2017). Traços rápidos de história de vida promovem o sucesso da invasão em anfíbios e répteis. *Cartas de Ecologia*, 20(2), 222-230. doi:10.1111/ele.12728

APRN/BEPB. (2012). Etude de référence environnementale et socio-économique en colline Rabiro, sous-colline Taba, en commune Mutumba, province de Karusi. p.28. inédito.

Bangirinama, F. (2010). Processos de restauração de ecossistemas durante a dinâmica pós-cultivo no Burundi: mecanismos, caraterização e séries ecológicas. Tese de doutoramento. Université Libre de Bruxelles.200 p.

Bavumiragiye, F., & Niyonkuru, D. (2018). Contribution à l'étude des espèces végétales envahissantes au Burundi:cas de la vallée de la rivière Murembwe en commune Rumonge. dissertation.ENS.49 p.

Ben-ghabrit, S., Bouhache, M., Birouk, A., & Bon, M.-C. (2018). Quando plantas exóticas invasoras ameaçam a agricultura e os ecossistemas. Décimo primeiro Congresso da Associação Marroquina de Proteção de Plantas, maio, 33.

Bifolchi, A. (2007). Biologia e genética populacional de uma espécie invasora: o caso da marta americana (*Mustela vison* Schreber , 1777) na Bretanha. Tese de doutoramento. Université d'Angers.160 p.

Bizuru, E. (2005). Etude de la flore et de la végétation des marais du Burundi. Tese de doutoramento. Universidade Livre de Bruxelas.298 p.

Blanfort, V., Fabre, J., Huguein, J., Balent, G., & Daures, S. (2009). Criação de gado, plantas invasoras e biodiversidade nas florestas secas da Nova Caledónia. In: *Seizièmes rencontres autour des recherches sur les ruminants*, Paris, 2 e 3 de dezembro de 2009. INRA. Paris: Institut de l'élevage, 237-240.

Bousquet, T., Waymel, J., Zambettakis, C., & Geslin, J. (2016). Lista de plantas vasculares invasoras na Baixa Normandia. DREAL de Normandie / Région de Normandie. Villers-Bocage: Conservatoire botanique national de Brest, 28 p. + apêndices

Bousquet, T., Waymel, J., Zambettakis, C., Geslin, J., & Magnanon, S. l v i e. (2013). Liste des plantes vasculaires invasives de Basse-Normandie, Dreal Basse-Normandie/Conseil régional de Basse-Normandie. Villers-Bocage: Conservatoire botanique national de Brest, 39 p.

Bouzillé, J. B. (2007). Gestion des habitats naturels et biodiversité: Concepts, méthodes et démarches. Tec & Doc Lavoisier. 331 p.

Braun-blanquet, J. (1932). Plant sociology: The study of plant communities. Ed. Mac Gray Hill, Nova Iorque, Londres, 439 pp.

Breton, G. (2014). Espécies introduzidas ou invasoras nos portos de Le Havre d'Antifer e Rouen (Normandia, França). *Hydroécologie Appliquée.* 18, 23-65. https://doi.org/10.1051/hydro/2014003

Byers, J. E., Reichard, S., Randall, J. M., Parker, I. M., Smith, C. S., Lonsdale, W. M., Atkinson, I. A. E., Seastedt, T. R., Williamson, M., Chornesky, E., & Hayes, D. (2002). Direcionar a Investigação para Reduzir os Impactos das Espécies Não Indígenas. *Conservation Biology, 16*(3), 630-640.

CAB International. (2004). Prevenção e Gestão de Espécies Exóticas Invasoras: Implementação da Cooperação na África Ocidental. Actas de um Workshop realizado em Accra, Gana, 9-11 de março de 2004 (CAB International Nairobi Kenya (ed.); 115 p.). Secretariado do GISP.

Cantão de Valais. (2017). Gestion des néophytes envahissantes en Valais : Bilan et plan d ' action 2017-2020. Sion. 44 p.não publicado.

Cassey, P. (2002). A história de vida e a ecologia influenciam o sucesso de estabelecimento de aves terrestres introduzidas. *Biological Journal of the Linnean Society, 76*, 465-480. https://doi.org/10.1046/j.1095-8312.2002.00086.x

Cassey, P., Blackburnw, T. M., Russell, G., Katee, E. J., & Lockwood, J. L. (2004). Influências no transporte e estabelecimento de espécies de aves exóticas: uma análise dos papagaios (Psittaciformes) do mundo. *Global Change Biology, 10*, 417-426. https://doi.org/10.1111/j.1529-8817.2003.00748.x

Dajoz, R. (2006). Précis d'écologie (DUNOD (ed.); 8ª edição). 630 p.

Dansereau, P., & Lems, K. (1957). A classificação dos tipos de dispersão nas comunidades vegetais e o seu significado ecológico. Contribution de l'Institut de Botanique de l'Université de Montréal, 71, 1-52.

Direção Regional do Ambiente na Guiana. (2010). Biological invasions in French Guiana Invasões biológicas na Guiana Francesa. 1ª fase: Diagnóstico. CIRAD. 144 p.

Dukes, J. S., & Mooney, H. A. (1999). Does global change increase the success of biological invaders? *Tendências em Ecologia e Evolução, 14*(4), 135-139.

Duperron, B., Traclet, S., Viscardi, G., Guiot, V., Dimassi, A., Lavergne, C., & Gigord, L.D.B. (2019). Stratégie de lutte contre les espèces végétales invasives à Mayotte : Diagnostic et programme opérationnel de lutte (Issue Version 2.3). Conservatoire Botanique National de Mascarin & DEAL. 87p.

Dushimirimana, S., Masharabu, T., Bizuru, E., & Bigendako, M. J. (2010). Flora e vegetação natural dos pântanos de Nyamuswaga, Burundi. *Boletim Científico do INECN*, 8(10-15).

Fischer E, & Killmann D. (2008). Plantas do Parque Nyungwe-Rwanda (ORTPN). Universidade de Koblenz-Landau.780 p.

Fleriag, L. (2009). Participação nos trabalhos preparatórios para a elaboração da lista das espécies exógenas potencialmente invasoras cuja importação deve ser proibida. dissertação. Universidade de Perpignan. 27 p.

Fourdrigniez, M., & Meyer, J.-Y. (2008). Lista e características das plantas introduzidas naturalizadas e invasoras na Polinésia Francesa. Contribution à la Biodiversité de Polynésie française N°17. Délégation à la Recherche, Papeete, 62 páginas + Apêndice.

Fournier, A. (2018). Modelação e previsão de invasões biológicas. Tese de doutoramento. Université Paris-Saclay. 265 p.

Fumanal, B. (2007). Caracterização dos traços biológicos e dos processos evolutivos de uma espécie invasora em França: *Ambrosia artemisiifolia* L. Tese de doutoramento. Universidade de Bourgogne. 237 p.

Gérard, B., Didier, A., Vincent, B., & Gibon, A. (1998). Actividades de pastoreio, paisagens e biodiversidade. *Annales de Zootechnie,* 47,419-429. https://doi.org/10.1051/animres:19980509

Grall, J., & Coic, N. (2006). Synthèse des méthodes d'évaluation de la qualité du benthos en milieu côtier. Relatório de trabalho. LEMAR. *2005*, 90 p.

Grupo de Espécies Invasoras. (2011). Plantas invasoras de ambientes naturais na Nova

Caledónia. Agência para a prevenção e compensação de catástrofes agrícolas ou naturais. Nouméa. 224 p.

Guo, Q. (2006). Invasões bióticas intercontinentais: O que podemos aprender com populações e habitats nativos? *Biological Invasions*, *8*(7), 1451-1459. https://doi.org/10.1007/s10530-005-5834-1

Habiyaremye, F. M., & Nzigidahera, B. (2016). Habitats du Parc National de la Kibira (Burundi)-Lexique des plantes pour connaître et suivre l'évolution des forêts du secteur Rwegura. Instituto Real Belga de Ciências Naturais (IRSNB). 144p.

Habonayo, R., Azihou, A. F., Dassou, G. H., Hitimana, M., & Cossi, A. (2019). Efeito da liana invasora *Sericostachys scandens* Gilg & Lopr . (Amaranthaceae) na estrutura espacial e no recrutamento de espécies de plantas lenhosas no Parque Nacional de Kibira, Burundi. *Revista Internacional de Inovação e Investigação Científica*, *44*(2), 159-170.

Hakizimana, P., Bangirinama, F., Masharabu, T., Habonimana, B., De Cannière, C., & Bogaert, J. (2012). Caracterização da vegetação da floresta densa de Kigwena e da floresta aberta de Rumonge no Burundi. *Bois & Forets Des Tropiques*, 312, 43-52. https://doi.org/10.19182/bft2012.312.a20502

Heger, T., & Trepl, L. (2003). Predicting biological invasions. *Biological Invasions*, *5*(4), 313-321. https://doi.org/10.1023/b:binv.0000005568.44154.12

IUCN-GISD. (2021). http://www.iucngisd.org/gisd/. http://www.iucngisd.org/gisd/

IUCN-PAPACO. (2013). Plantas invasoras que afectam as áreas protegidas na África Ocidental. Gestão para a redução do risco de biodiversidade. 84 p.

IUCN. (2021). *https://www.iucn.org/content/global-invasive-species-database-gisd).* https://www.iucn.org/content/global-invasive-species-database-gisd

Jacques, T., Christophe, L., Serge, M., Vincent, B., Stéphane, B., Thomas, L. B., Julien, T., & Jean-Noël, R. (2006). Assessment of knowledge on the ecological consequences of plant invasions on Réunion Island (Mascareignes archipelago, Indian Ocean). *Revue d'écologie - la Terre et la Vie. 61*, 35-52.

Jean-François, A., Olivier, R., Charlotte, J., Bruno, M., & Virginie, S. (2012). Estudo de plantas exóticas invasoras em áreas naturais sensíveis em Essonne - Mapeamento e recomendações de gestão. O.G.E. - Office de Génie Écologique. 104 p.

Joy B., Z., & Kercher, S. (2004). Causas e Consequências de Plantas Invasoras em Zonas Húmidas: Oportunidades, Oportunistas e Resultados. *Critical Reviews in Plant Sciences*, *23:5*, 431- 452. https://doi.org/10.1080/07352680490514673

Julie, L., Martha, H., & Michael, M. (2007). Ecologia de Invasão. Blackwell Publishing Ltd. Singapura. 313 p. https://doi.org/10.1524/ncrs.2001.216.14.683

LeBorgeois T. Grard, P. & Merlier, H. (1995). Adventrop: une base de connaissance interactive des adventices d'Afrique soudano-sahelienne. *Agriculture et développement*. 8, 51-55

Lebrun, J. P. (1947). The vegetation of the alluvial plain south of Lake Edouard. Instituto dos Parques Nacionais do Congo Belga, Exploração do Parque Nacional Albert. Missão Lebrun (1937-1938). Fascículo 1: 472-800. Bruxelas.

Lee, C. E. (2002). Evolutionary genetics of invasive species (Genética evolutiva de espécies invasoras). *Trends in Ecology & Evolution*, *17*(No.8), 386-390. https://doi.org/10.1016/S0169-5347(02)02554-5

Lefeuvre, J.-C. (2016). Invasões biológicas: um risco para a biodiversidade à escala mundial.Beaulieu.IRD.49 p. https://doi.org/10.4000/books.irdeditions.7656

Lisan, B. (2014). Plantas invasoras em Madagáscar. Versão V1.0. Madagáscar. 185 p.

Masabo, O., & Nindorera, D. (2019). Estudo de monitorização da perceção da biodiversidade com base em indicadores seleccionados em conformidade com o Objetivo de Aichi 1.OBPE. 75 p.

Masharabu, Tatien, Manirakiza, O., Ndayishimiye, J., & Bangirinama, Frédéric Havyarimana, F. (2014). Diversidade e conservação de plantas lenhosas autóctones numa paisagem antropizada: o caso da Zona Kabuye na Comuna Matongo (Burundi). *Bulletin Scientifique de l'Institut National Pour l'environnement et La Conservation de La Nature*, *13: 35-42.*

Masharabu, Thatien. (2011). Flora e vegetação do Parque Nacional de Ruvubu no Burundi: diversidade, estrutura e implicações para a conservação. Tese de doutoramento. Universidade Livre de Bruxelas. 224 p.

Masumbuko, C.N. (2011). Ecologia de *Sericostachys scandens*, uma liana invasora nas florestas de montanha do Parque Nacional de Kahuzi-Biega, República Democrática do Congo. Tese de doutoramento. Universidade Livre de Bruxelas. 192 p.

Meddour, R. (2011). La méthodologie phytosociologique sigmatiste ou Braun-blanqueto-tüxenienne. Tizi Ouzou (inédito). 40 p.

MEEATU. (2014). Atlas dos quatro sítios Ramsar - Localização e Recursos. Bujumbura. 42 p.

Mendoza, G. H. (2016). Identificação dos riscos de perda de biodiversidade face às pressões antropogénicas e às alterações climáticas até 2100: Aplicação da conservação dinâmica ao território dos Alpes-Marítimos. Arquitetura, ordenamento do território. Ecole Nationale Supérieure des Mines de Paris. 321 p.

Merlier H, & Montegut J. (1982). Ervas daninhas tropicais: flora vegetal e adulta de 123 espécies africanas e pantropicais. MRE-França. 490 p.

MEEATU. (2013). *Estratégia Nacional de Biodiversidade e Plano de Ação* 2013-2020. Bujumbura. 104 p.

Mooney, H. A., & Cleland, E. E. (2001). The evolutionary impact of invasive species (O impacto evolutivo das espécies invasoras). *Proceedings of the National Academy of Sciences U.S.A.*, *98*(10), 446-5451.

Muoghalu, J. I., & Chuba, D. K. (2005). Germinação de sementes e estratégias reprodutivas de Tithonia *diversifolia* (Hemsl.) Gray e *Tithonia rotundifolia* (P.M) Blake. *Applied Ecology and Environmental Research*, *3*(1), 39-46. https://doi.org/10.15666/aeer/0301_039046

Mwanyambo, M., Kamwendo, S. J., Patel, H. I., Kathumba, S. E., Wong, J. L., & Pagad, S. (2020). Lista de verificação *GRIIS* de espécies introduzidas e invasoras - Malawi. Versão 1.2. *Grupo de Especialistas em Espécies Invasoras ISSG. Conjunto de dados da lista de verificação.* https://doi.org/10.15468/j6du5s acedido através de GBIF.org

Ndayisaba, S. (2018). Estudo de plantas herbáceas exóticas invasoras na cidade de Bujummbura já instaladas na natureza. dissertação. ENS. 50p.

Nduwimana, A. (2014). Caracterização da paisagem natural de Malagarazi (Burundi) e abordagem à Conservação Sustentável da sua biodiversidade. Tese de doutoramento. École doctorale Sciences de la nature et de l'Homme - Évolution et écologie (Paris). 269 p.

Nduwimana, A., Habonayo, R., Ndayizeye, B., & Hitimana, M. (2021). Analyse phytosociologique de la végétation de la réserve naturelle forestière de Vyanda au Sud-Ouest du Burundi Phytosociological analysis of the vegetation of the Vyanda natural forest reserve in southwestern Burundi. *Revista Internacional de Ciências Biológicas e Químicas* 15(4):1325-1337.

Nzigidahera, B. (2017). Situação das espécies invasoras no Burundi. Bujumbura. 76 p.

Nzigidahera, B., Habiyaremye, F. M., Mbarushimana, D., Masabo, O., Bisthoven, L. J. De, & Habonimana, B. (2020). Habitats du Parc national de la Ruvubu (Burundi)-État actuel et guide au suivi de leur dynamique à l'aide d'un lexique des plantes (H. F. Muhashy (ed.)). Instituto Real Belga de Ciências Naturais (IRSNB). 245 p.

Nzigidahera, B., & Habonimana, B. (2015). Estudo das causas dos principais problemas de biodiversidade no Burundi (CHM-Burundi). OBPE. 44 p.

Osawa, T., Mitsuhashi, H., & Niwa, H. (2013). Muitas plantas invasoras alienígenas se dispersam contra a direção do fluxo do riacho em áreas ribeirinhas. *Ecological Complexity*, *15*, 26-32. https://doi.org/10.1016/j.ecocom.2013.01.009

OSS. (2020). Espécies exóticas invasoras terrestres (EEI) no Magrebe Árabe: Situação atual e perspectivas de uma estratégia sub-regional (Argélia, Líbia, Mauritânia, Marrocos e Tunísia). 148 p.

Patrick, T. (2017). Dicionário enciclopédico de diversidade biológica e conservação da natureza (T. Patrick (ed.); Terceiro). 1056 p.

Piry, S., Alapetite, A., Cornuet, J.-M., Paetkau, D., Baudouin, L., & Estoup, A. (2004). GENECLASS2: Um software para atribuição genética e deteção de migrantes de primeira geração. *Journal of Heredity*, 95(6), 536-539. https://doi.org/10.1093/jhered/esh074

Primack, R. B., Sarrazin, F., & Lecompte, J. (2012). Biologia da Conservação. Dunod. 351p.

Quéré, E., Ragot, R., Geslin, J., Magnanon, S., & Haury, J. (2011). Lista de plantas vasculares invasoras na Bretanha. *CSRPN de Bretagne*, 24 p.

Ramade, F. (2009). [ème]Éléments d'Écologie-Écologie appliquée : action de l'Homme sur la biosphère.7 Edition. Dunod. 789 p.

Raunkiaer, C. (1934). The life's forms of plants and statistical plant geography. Londres. 632 pp.

Reekmans, M., & Niyongere, L. (1983). Léxico vernacular das plantas vasculares do Burundi. U.B. 58 p.

Rejmánek, M., Richardson, D. M., & Pyšek, P. (2013). Invasões de plantas e invasibilidade de comunidades de plantas. *Vegetation Ecology* (2),387-424.

Richardson, D. M., & Pyšek, P. (2007). The ecology of invasions by animals and plants. *Progress in Physical Geography*, *31*(6), 659-666. https://doi.org/10.1177/0309133307087089

Ricklefs, R. E., & Miller, G. L. (2005). Ecologie (4ª Edição). De Boeck Supérieur. 858 p.

Soubeyran, Y. (2010). Gestão das espécies exóticas invasoras. Comité Francês da UICN. 68 p.

Soubeyran, Yohann. (2008). Invasive Alien Species in French Overseas Territories: Status and Recommendations (Planète Nature Collection). Comité Francês da IUCN, Paris, França. 202 p.

Tassin, J. (2002). Dynamiques et conséquences de l'invasion des paysages agricoles des Hauts de la Réunion par *Acacia mearnsii* De Wild. Tese de doutoramento. Universidade Paul Sabatier. 215 p.

Teyssèdre, A., & Couvet, D. (2010). Écologie et biodiversité: Des populations aux socioécosystemes (Belin). 336 p.

Toussaint, B., Lambinon, J., Dupont, F., Verloove, F., Petit, D., Hendoux, F., Mercier, D., Housset, P., Truant, F., & Decocq, G. (2007). Réflexions et définitions relatives aux statuts d'indigénat ou d'introduction des plantes ; application à la flore du nord-ouest de la France. *Ata Botanica Gallica*, 154 (4), 511-522. https://doi.org/10.1080/12538078.2007.10516077

Troupin, G. (1978). Flora do Ruanda: as espermatófitas (vol. 1). Museu Real da África Central. 413 p.

Troupin, G. (1983). Flora do Ruanda: espermatófitos (Vol. 2). Museu Real da África Central. 603 p.

Troupin, G. (1985). Flora do Ruanda: espermatófitos (Vol.3). INRS. 729 p.

Troupin, G. (1988). Flora do Ruanda: espermatófitos (Vol.4). Museu Real da África Central. 651 p.

IUCN/PACO. (2013). Plantas invasoras que afectam as áreas protegidas na África Ocidental: gestão para a redução do risco de biodiversidade. IUCN/PACO, Ouagadougou, Burkina Faso. 84 p.

Valéry, L., Hervé, F., Jean-claude, L., & Daniel, S. (2008). Em busca de uma verdadeira definição do próprio fenómeno de invasão biológica. *Bioloical Invasions*, 10(8), 1345-1351. https://doi.org/10.1007/s10530-007-9209-7

Van Der Plas, F., Manning, P., Soliveres, S., Allan, E., Scherer-Lorenzen, M., Verheyen, K., Wirth, C., Zavala, M. A., Ampoorter, E., Baeten, L., Barbaro, L., Bauhus, J., Benavides, R., Benneter, A., Bonal, D., Bouriaud, O., Bruelheide, H., Bussotti, F., Carnol, M., ... Schlesinger, W. H. (2016). A homogeneização biótica pode diminuir a multifuncionalidade da floresta à escala da paisagem. *Actas da Academia Nacional de Ciências dos Estados Unidos da América*, *113*(13), 3557-3562. https://doi.org/10.1073/pnas.1517903113

Van Kleunen, M., Weber, E., & Fischer, M. (2010). A meta-analysis of trait differences between invasive and non-invasive plant species. *Ecology Letters*, *13*(2), 235-245. https://doi.org/10.1111/j.1461-0248.2009.01418.x

Vanderhoeven, S., Branquart, E., Grégoire, J.-C., Mahy, G., Brahy, O., Gilbert, M., La Spina, S., Nicolas, M., Frédéric, P., & Pieret, N. (2006). Espécies exóticas invasoras: Dossier científico elaborado no âmbito do relatório analítico 2006-2007 sobre o estado do ambiente da Valónia. 42 p.

Vanessa, H., Mickaël, le C., Frédéric, R., & Vincent, B. (2009). Espécies exóticas invasoras na Nova Caledónia. IRD. 87 p.

Vitousek, P. M., M D'antonio, C., Loope, L. L., Rejmánek, M., & Westbrooks, R. (1997). Introduced species: A significant component of human-caused global change. *New Zealand Journal of Ecology, 21 (1)*, 1-16.

White, F. (1979). The Guineo-Congolian Region and Its Relationships to Other Phytochoria. *Bulletin Du Jardin Botanique National de Belgique*, 49, No. 1/, 11-55. https://doi.org/10.2307/3667815

White, F. (1983). Vegetation of Africa: A Descriptive Memoir to Accompany the Unesco/AETFAT/UNSO Vegetation Map of Africa. UNESCO/AETFAT/UNSO, ORSTOM-UNESCO. 356 p.

Williamson, M. (2006). Explicando e prevendo o sucesso de espécies invasoras em diferentes estágios de invasão. *Biological Invasions*, *8*(7), 1561-1568. https://doi.org/10.1007/s10530-005-5849-7

Witt, A., Wong, L. J., & Pagad, S. (2020). Registo Global de Espécies Introduzidas e Invasoras - Tanzânia. Versão 1.2. Grupo de Especialistas em Espécies Invasoras ISSG. Conjunto de dados da lista de controlo. GBIF.org. https://doi.org/10.15468/7n4vid acedido através de GBIF.org

Woods, K. D. (1997). Resposta da Comunidade à Invasão de Plantas. Assessment and Management of Plant Invasions. Springer Series on Environmental Management. 56–68. https://doi.org/10.1007/978-1-4612-1926-2_6

Zihalirwa, B., Mutabana, N., & Lejoly, J. (2020). Estudo ecológico da liana invasora Sericostachys scandens na parte de alta altitude do Parque Nacional Kahuzi-Biega (PNKB), (Sud - Kivu, R.D.Congo). *Annales Des Sciences. Universidade Oficial de Bukavu*, 1(1), 28-36.

Apêndice s

Anexo 1. Quadro fitossociológico dos inquéritos

Sites/Collines échatillonnés

#	TB	TP	TD	Espèces	Migende R1	Mpangu R2	Kinga R3	Musonge R4	Shinya R5	Shurugumya R6	Gahise R7	Nyarurama R8	Nkango R9	Gatura 1 R10	Jimbi R11	Gatura 2 R12	Gisara R13	Kibimba R14	Rushubi R15	Buniha R16	Gitamo R17	Nyangungu 1 R18	Ruyaga R19	Nyangungu 2 R20	Munanira 1 R21	Rurengera R22	Munanira 2 R23	Ruyenzi R24	Muharuro R25	Mitobo R26	Shinyanga R27	Kinzerere R28	Bihembe R29	Rutonganikwa R30	Kiguruka R31	Kaziga R32	Bukwavu R33	Nyagisenyi R34	Nyarusange R35	Wangugo R36	Kiryama R37	Gisagara R38
1	P	Afr-Trop	Ballo	Acacia polyacantha Willd.	0	0	0	0	0	0	0	0	0	0	0	0	0	0	0	0	1	0	0	0	0	0	0	0	0	0	0	0	0	1	1	0	1	0	1	0	1	1
2	P	SZ(O)	Ballo	Acacia sieberana DC.	0	0	0	0	0	0	0	0	0	0	0	0	0	0	0	0	0	0	0	0	0	0	0	0	0	0	0	0	0	0	0	0	1	1	0	1	1	1
3	Th	Am	Desmo	Acanthospermum australe (Loefl.) Kuntze	0	0	0	0	0	0	0	0	0	0	0	0	3	3	2	2	3	4	0	3	2	0	3	0	0	0	0	0	0	0	0	0	0	0	0	0	0	0
4	P	Afr-Trop	Ballo	Acanthus polystachyus Del.	0	2	2	0	0	3	3	2	2	0	2	0	2	2	0	0	1	1	0	1	0	1	1	0	3	3	0	3	0	2	2	0	2	0	0	0	2	3
5	Ch	Pan	Desmo	Achyranthes aspera L	2	2	0	0	0	2	2	0	1	1	0	2	2	2	0	0	2	2	2	0	0	0	0	0	0	0	0	0	0	0	0	0	0	0	0	2	3	3
6	Th	Subcos	Pogo	Ageratum conyzoides L	2	2	0	2	2	5	3	3	2	2	2	3	2	3	3	3	3	3	3	3	3	3	3	3	3	3	3	3	3	2	3	3	2	2	2	2	2	2
7	P	Afr-Mal	Ballo	Albizia gummifera (J.F.Gmel.) C.A.Sm.	0	0	0	0	0	0	0	0	0	0	0	0	0	0	0	0	0	0	0	0	0	0	0	0	0	0	0	0	0	1	0	0	0	0	0	0	0	0
8	Th	SG	Scléro	Amaranthus viridis L	2	2	0	0	0	0	0	0	0	0	0	0	0	0	0	0	2	2	0	0	0	0	0	2	0	0	2	0	0	0	0	0	0	0	1	0	0	0
9	H	SZ(O)	Scléro	Aristida adoensis Hochst. ex A.Rich.	0	0	0	0	0	0	0	0	0	0	0	0	0	0	0	0	2	2	0	0	0	0	0	0	0	0	0	0	0	2	2	0	0	0	0	0	0	0
10	Ge	Mont	Scléro	Arthropteris anniana Lawalrée	0	0	0	0	0	0	0	0	0	0	0	0	0	0	0	0	2	0	0	0	0	0	0	0	0	0	0	0	0	2	0	0	0	0	0	0	3	0
11	Ge	Afr-Trop	Scléro	Arthropteris orientalis (J.F. Gmel.)	0	0	2	2	2	2	0	2	2	0	0	2	2	0	0	2	3	2	2	2	2	2	2	0	0	2	0	2	2	2	2	2	2	0	0	0	0	3
12	Ge		Scléro	Arundinalia alpina K.Schum.	2	0	0	0	0	0	0	0	0	0	0	0	0	0	0	0	0	0	0	0	0	0	0	0	0	0	0	0	0	3	0	0	0	0	0	0	3	0
13	Th	Plur Afr	Pogo	Aspilia pluriseta Schweinf.	2	2	0	1	0	2	2	0	2	0	2	2	2	0	1	0	0	0	0	0	0	0	0	0	0	0	0	0	0	0	0	0	0	0	0	0	0	0
14	Ge		Scléro	Asplenium onopteris L.	2	2	2	2	2	2	2	2	2	2	2	2	2	2	2	2	2	0	0	0	0	0	0	0	0	0	0	0	0	0	0	0	0	0	0	0	0	0
15	Th	Pan	Desmo	Bidens pilosa L	2	2	2	2	2	2	2	2	2	2	2	2	2	2	2	2	2	2	2	2	2	2	2	2	2	2	2	2	2	2	2	2	2	2	2	2	2	2
16	Th	LSZ-Mo	Ballo	Biophytum helenae Buscal. & Muschl.	0	1	0	0	1	0	1	0	0	0	0	0	0	0	0	1	0	0	0	0	0	1	0	0	0	0	0	0	1	0	0	0	0	1	0	0	0	0
17	Th	Cos	Ptéro	Blumea brevipes (Oliv. & Hiern) Wild	0	0	0	0	0	0	1	0	0	0	0	0	0	0	0	1	0	0	0	0	0	0	0	0	0	0	0	0	0	0	0	0	0	0	0	0	0	0
18				Bulbostylis densa (Wall.) Hand.-Mazz.	0	0	0	0	0	0	0	0	0	0	0	0	0	0	0	0	0	0	0	0	0	0	0	0	0	0	0	0	0	2	2	0	0	0	0	0	0	0
19	Hy	Afr-Trop		Burnatia enneandra (Hochst.) Micheli	0	0	0	0	0	3	0	0	0	0	0	0	0	0	0	0	0	0	0	0	0	0	0	0	0	0	0	0	0	0	0	0	0	0	0	0	0	0
20				Capsella bursa-pastoris (L.) Medik.	0	0	0	0	0	0	0	0	0	0	0	0	0	0	0	0	0	2	2	0	0	0	0	0	0	0	0	0	0	0	0	0	0	0	0	0	0	0
21	P	Pal		Carissa spinarum L	0	0	0	0	0	0	0	0	0	0	0	0	0	0	0	0	0	3	3	2	2	2	0	2	2	2	0	2	2	2	3	2	2	2	2	2	2	3
22				Cassia corymbosa Lam.	2	2	2	0	0	0	0	2	2	2	0	0	0	0	0	0	0	0	0	0	0	0	0	0	0	0	0	0	0	0	0	0	0	0	0	0	0	0
23	P	SZ	Ballo	Cassia didymobotrya Fres.	0	0	0	0	0	0	0	0	0	0	0	2	2	2	2	2	0	2	2	0	0	2	0	0	0	2	0	2	2	0	0	0	0	0	0	2	3	2
24	T	Pan		Cassia occidentalis L.	0	0	0	0	0	0	0	0	0	0	0	2	2	2	0	2	0	2	2	0	2	0	2	2	0	2	0	2	2	0	2	0	0	2	0	0	2	2
25				Cenchrus unisetus (Nees) Morrone	0	0	0	0	0	0	0	0	0	0	0	2	0	2	2	3	3	3	2	0	2	2	2	2	2	2	2	2	2	3	3	3	2	2	2	2	2	2
26	Ch	Pal	Ballo	Centella asiatica (L.) Urb.	4	3	3	2	2	2	3	3	4	3	3	3	4	3	3	4	4	3	4	4	3	3	3	3	4	3	3	3	4	3	3	3	3	3	3	3	3	4
27				Chenopodium ugandae Aellen	0	0	0	0	0	0	0	0	0	0	0	0	0	0	0	0	0	0	0	0	0	0	0	0	0	0	0	2	2	0	0	0	2	0	0	2	2	0
28	Ch	Afr-Trop	Sarco	Cissampelos mucronata A.Rich.	0	2	2	2	2	2	2	2	2	2	2	2	2	2	2	2	2	2	2	2	2	2	2	2	2	2	2	2	2	2	2	2	2	2	2	2	2	2
29	P	Mont (Afr-Trop)		Clerodendrum johnstonii Oliv.	0	0	0	2	2	2	2	0	0	0	0	2	2	2	2	0	2	2	0	2	2	2	2	0	0	2	2	2	2	2	2	0	0	2	2	2	2	2
30	P	SZ	Ptéro	Combretum collinum Fresen.	0	0	0	0	0	0	0	0	0	0	0	0	0	0	0	2	2	2	2	2	2	2	2	2	2	2	2	2	2	2	2	2	2	2	2	2	2	2
31	Ch	Plur-Afr	Ballo	Commelina africana L	0	2	2	2	2	2	2	2	2	2	3	3	3	3	3	0	0	3	3	0	1	0	1	0	3	3	3	0	3	3	0	3	3	0	0	3	2	0
32	Ch	Pal	Ballo	Commelina benghalensis L	3	0	3	0	0	3	0	3	0	0	0	2	2	2	2	0	2	2	2	0	2	3	3	2	0	0	3	3	0	2	0	2	2	2	2	3	3	3
33	Th	Pal	Pogo	Conyza aegyptiaca (L.) Ait.	0	0	0	0	0	2	2	2	2	2	0	0	2	0	0	0	2	2	0	0	0	0	0	0	2	2	2	2	2	2	2	2	2	0	2	0	2	0
34	P	Plur-Afr	Sarco	Cordia africana Lam.	0	0	0	0	0	0	0	0	0	0	0	0	0	0	0	0	0	0	0	0	0	0	0	0	0	0	0	0	0	0	0	0	0	0	0	0	2	0
35	Th	Afr-Mal	Pogo	Crassocephalum crepidioides (Benth.) S. Moore	1	1	0	0	0	2	0	2	2	2	0	0	0	0	0	0	0	2	2	0	0	2	2	0	0	0	0	0	2	2	2	0	0	0	2	2	2	0
36	Th	Afr-Mal	Pogo	Crassocephalum montuosum bumbense S. Moore	0	0	0	0	0	0	0	0	0	0	0	0	0	2	2	2	2	2	0	0	0	0	2	0	0	0	0	2	2	2	2	2	2	2	2	2	2	2
37	Th	Afr-Trop	Pogo	Crassocephalum Multicorymbosum S.Moore	0	0	0	0	0	0	0	0	0	0	0	2	0	0	0	1	0	0	0	0	1	0	0	0	1	0	0	0	1	0	0	0	0	0	0	0	0	0
38	Th	Mont	Pogo	Crassocephalum vitellinum (Benth.) S. Moore.	2	0	2	2	0	2	2	3	3	3	0	0	0	0	0	0	0	0	0	0	0	0	0	0	0	0	0	0	0	0	0	0	0	0	0	0	0	0
39	Ch	Pal	Ballo	Crotalaria pallida Aiton	2	2	2	2	2	2	2	2	2	2	2	2	0	0	0	2	2	2	2	2	0	0	0	0	0	0	0	0	2	2	3	3	0	3	2	2	3	2
40	Th(Ch)	LSZ-G	Ballo	Crotalaria pumila Ort. Chipil.	2	2	2	2	2	2	2	0	0	2	2	2	2	0	2	2	2	0	0	2	2	2	2	0	0	2	0	0	2	0	3	2	2	3	3	3	2	3

41	Ch	Pan	Ballo	*Crotalaria retusa* L.	2	2	2	0	0	0	0	0	0	0	0	0	2	2	0	0	0	0	0	0	0	0	0	0	0	0	0	0	0	0	0	0	0	0	0	0	0	0
42	Hc	Pal	Scléro	*Cymbopogon giganteus* Chiov.	0	0	0	0	0	0	0	0	0	0	0	0	0	0	0	2	2	2	2	0	0	0	0	0	0	0	0	0	2	3	3	0	0	2	3	3	2	3
43				*Cynanchum schistoglossum* Schlt	0	0	0	0	0	0	0	0	0	0	0	1	1	1	0	0	0	0	0	0	0	0	0	0	0	0	0	0	0	0	0	0	0	0	0	0	0
44	Ch	Subcos	Scléro	*Cynodon dactylon* (L.) Pers.	2	4	2	2	2	0	2	2	2	3	3	3	4	4	2	2	2	2	2	2	3	3	3	3	3	3	3	3	3	2	2	3	3	3	3	4	4	4
45	Ch	Subcos	Scléro	*Cynodon nemfluensis* Vanderyst.	3	2	3	3	3	2	2	2	3	3	3	3	4	3	3	3	2	2	3	3	2	2	3	3	3	3	3	3	3	2	2	3	3	3	3	3	3	3
46	Ge	Plur-Afr	Scléro	*Cyperus articulatus* L	2	2	2	2	2	2	2	2	2	2	2	2	2	2	2	2	2	2	2	2	2	2	2	2	2	2	2	2	2	2	2	2	2	2	2	2	2	2
47	Ge	Plur-Afr	Scléro	*Cyperus cyperoides* (L.) Kuntze	2	2	2	2	2	2	2	2	2	2	2	2	2	2	2	2	2	2	2	2	2	2	2	2	2	2	2	2	2	2	2	2	2	2	2	2	2	2
48	Hc (Ge)	Pan	Scléro	*Cyperus distans* Linnaeus f.	2	2	2	2	2	3	3	2	2	2	2	3	3	3	2	2	3	3	2	2	2	2	2	2	2	2	2	2	3	3	3	2	2	2	2	2	3	2
49	Ge	Afr-Mal	Scléro	*Cyperus latifolius* Poir.	0	0	0	0	0	2	2	0	0	0	0	2	2	2	2	0	2	2	0	0	0	0	0	0	0	0	0	0	2	2	0	0	0	0	0	0	2	2
50	Ge	Cos	Scléro	*Cyperus papyrus* L	1	1	0	0	0	0	0	0	2	2	0	0	1	0	0	0	1	0	0	0	0	0	0	0	0	0	0	0	1	0	0	0	0	0	0	0	1	0
51	Ge	Afro-Trop	Sarco	*Cyphostemma adenocaule* (Steud. ex A. Rich.)	0	0	0	0	0	2	2	0	0	0	0	2	2	0	1	1	2	1	0	0	0	0	0	0	0	0	2	2	2	0	0	0	0	0	0	0	0	0
52	Th	Cos	Sarco	*Datura stramonium* L.	1	0	0	0	0	1	1	0	0	0	0	0	0	0	0	0	0	0	0	0	0	0	0	0	0	0	0	0	0	0	0	0	0	0	0	0	0	0
53				*Dichrocephala bicolor* (Roth) Schltdl.	3	3	2	2	2	1	2	0	0	0	2	2	2	0	2	0	3	3	2	0	0	0	0	0	0	0	0	0	0	0	2	0	0	0	2	0	2	2
54	Ge	Pal	Scléro	*Digitaria abyssinica* (Hochst. ex A.Rich.) Stapf	4	3	3	2	2	2	3	2	2	2	2	3	3	4	3	0	0	0	0	0	0	1	0	0	0	0	0	0	0	0	0	0	0	0	0	1	2	4
55	Ge	Pan	Scléro	*Digitaria horizontalis* Willd.	2	3	3	4	4	4	2	3	3	3	0	0	3	2	2	3	4	4	4	4	0	0	3	3	3	3	3	3	3	4	4	4	4	3	0	3	2	2
56	Ge	Pal	Baro	*Dioscorea alata* L.	1	0	0	0	0	1	0	0	0	0	0	0	0	0	0	0	0	0	0	2	0	0	0	0	0	0	0	0	0	0	0	0	0	0	0	0	2	0
57	P	SZ(O)-Mo	Sarco	*Dissotis trothae* Gilg.	2	2	2	2	2	2	2	2	2	2	2	0	0	1	1	2	2	2	0	0	2	2	0	0	0	0	2	2	2	2	2	2	0	0	2	0	0	2
58	P	SZ	Ballo	*Dombeya buettneri* K.Schum.	2	1	1	2	0	2	2	2	2	2	2	0	0	0	0	0	0	0	0	0	0	0	0	0	0	0	0	0	0	0	0	0	0	0	0	0	0	0
59	P	SZ(EOZ)	Sarco	*Dracaena steudneri* Engl.	1	0	0	1	0	0	0	0	1	0	0	0	0	0	0	0	0	0	0	0	0	0	0	0	0	0	2	0	2	0	2	0	0	0	0	0	0	0
60	Th	Pan		*Drymaria cordata* (L.) Willd. ex Roem. & Schult.	3	2	2	2	2	1	1	1	1	1	1	1	1	1	0	0	2	0	0	0	0	0	0	0	0	0	0	0	0	0	0	0	0	0	0	0	0	0
61	Ch	Pal	Scléro	*Eleusine indica* (L.) Gaertn.	2	2	2	2	2	3	3	3	3	3	3	3	3	3	0	3	3	3	3	3	3	3	0	3	3	3	3	3	3	3	3	3	3	3	3	3	3	3
62	Th	L-SZ-Mo	Pogo	*Emilia caespitosa* Oliv.	2	2	2	2	2	3	3	3	2	2	1	1	0	0	0	0	0	0	0	0	0	0	0	0	0	0	0	0	0	0	0	0	0	0	0	0	0	0
63	Ch	SZ(OZ)	Scléro	*Eragrostis olivacea* K.Schum.	0	0	0	0	0	0	0	0	0	0	0	0	0	0	0	0	2	2	0	0	0	1	0	1	0	0	0	0	0	2	0	2	0	2	0	0	0	0
64	Hc	Afr-Mal	Scléro	*Eragrostis tenuifolia* (A.Rich.) Hochst. ex Steud.	1	0	0	1	0	1	0	0	0	0	0	0	2	2	2	2	2	2	2	2	2	2	2	2	2	2	2	3	3	3	3	3	3	3	3	3	3	3
65	Ch	Mont(EA-A	Ballo	*Eriosema montanum* Baker f.	0	0	3	2	2	3	2	0	1	1	1	1	2	2	0	0	0	0	0	0	0	0	0	0	0	0	0	0	0	0	0	0	0	0	0	0	0	0
66				*Erlangea spissa* S. Moore	0	0	0	0	0	2	2	2	2	2	2	2	3	3	2	2	2	2	2	2	2	2	3	3	2	2	2	2	3	3	2	2	2	2	3	3	2	2
67	Th	Am	Scléro	*Euphorbia heterophylla* L.	0	0	0	0	2	2	2	2	2	2	2	2	0	0	2	2	2	2	2	0	0	2	0	2	0	0	2	0	0	0	2	2	2	2	2	2	2	2
68	Ch	Pan	Scléro	*Euphorbia hirta* L.	0	0	0	0	0	0	0	0	0	0	0	0	0	0	0	1	1	2	2	2	2	2	2	2	0	2	2	2	0	2	2	2	2	2	2	2	2	2
69	P	SZ(OZ)	Ballo	*Euphorbia tirucalli* L.	2	0	0	2	0	0	2	0	0	2	2	2	2	2	0	0	0	0	0	0	0	0	0	0	0	0	0	0	0	0	0	0	0	0	0	0	0	0
70	P	LSZ-G	Sarco	*Ficus vallis-choudae* L.	0	0	0	0	2	2	2	2	2	2	0	2	2	2	0	2	2	0	0	0	0	0	0	0	0	0	0	0	0	0	0	0	0	0	0	0	0	0
71	Th	Cos	Desmo	*Galinsoga quadriradiata* Ruiz & Pav.	0	0	0	0	0	0	0	0	0	0	0	0	0	0	0	0	0	1	1	1	1	1	1	1	1	3	3	3	3	3	3	3	2	2	2	2	2	2
72	Th	Cos	Desmo	*Galinsonga parviflora* Cav.	3	3	3	3	3	4	4	4	4	4	3	3	2	2	2	2	2	3	3	3	3	3	3	3	3	3	2	2	2	2	2	3	3	3	3	3	3	3
73	Hc	Plur-Afr	Scléro	*Guizotia scabra* (Vis.) Chiov.	1	2	2	2	3	3	3	2	2	1	1	1	1	1	1	1	0	0	0	0	0	0	0	0	0	0	0	0	0	0	0	0	0	0	0	0	0	0
74	Th	Pal		*Gynandropsis gynandra* (L.) Briq.	1	1	1	1	2	2	2	0	2	0	2	2	2	1	1	2	2	2	2	2	0	0	0	0	0	0	0	0	0	0	0	0	0	0	0	0	0	0
75	P	Afr-Mal	Sarco	*Harungana madagascariensis* Lam. & Poir	0	0	2	2	0	0	0	0	0	0	0	0	0	0	0	0	0	0	0	0	0	0	0	0	0	0	0	0	0	0	0	0	0	0	0	0	0	0
76	Hc	SZ(EOZ)	Pogo	*Helichrysum keilii* Moeser	0	0	0	0	0	0	0	0	0	1	0	0	0	0	0	0	0	0	0	1	1	0	0	0	0	0	0	0	0	0	0	0	0	0	0	0	0	0
77	Th	Plur-Afr	Pogo	*Helichrysum odoratissimum* (L.) Sweet.	2	0	0	0	0	0	2	0	0	0	0	2	0	2	3	3	2	2	2	2	3	3	2	2	2	2	2	2	2	2	2	2	2	0	0	2	2	2
78	Ch	SZ(EOZ)	Desmo	*Hibiscus fuscus* Garcke	0	0	0	0	0	0	0	0	0	0	0	0	0	0	0	0	0	0	0	0	0	0	0	0	0	0	0	0	2	2	2	2	2	0	1	0	2	2
79	Ch	SZ(EOZ)	Desmo	*Hibiscus noldeae* Baker f.	3	1	0	1	0	1	0	0	0	0	0	0	0	0	0	0	0	0	0	0	0	0	0	0	0	0	0	0	0	0	0	0	0	0	0	0	0	0
80				*Hygrophila auriculata* (Schumach.) Heine	1	1	1	2	2	2	2	2	0	0	0	0	0	0	0	0	0	0	0	0	0	0	0	0	0	0	0	0	0	0	0	0	0	0	0	1	1	1
81	P	SZ	Sarco	*Hymenodictyon floribundum* (Hochst. & Steud.) B.L.Rob	0	0	0	0	0	0	0	0	0	0	0	0	0	0	0	0	0	0	0	0	0	0	0	0	0	0	0	0	2	2	2	2	2	2	2	0	0	0
82	Hc	Subcos	Scléro	*Hyparrhenia dichroa* (Steud.) Stapf.	0	0	0	0	0	0	0	0	0	0	0	0	0	0	0	3	3	3	3	2	2	2	2	2	2	2	2	3	3	3	3	3	2	2	3	3	3	4
83	Ch	Plur Afr	Ballo	*Hypoestes triflora* (Forssk.) Roem. & Schult.	2	2	2	2	2	2	2	2	2	2	2	2	3	2	2	3	2	2	2	3	3	3	3	3	3	3	2	2	2	2	2	0	0	0	0	0	0	0
84	Ge	Subcos	Scléro	*Imperata cylindrica* (L.) Beauv.	0	0	0	0	3	3	3	0	0	3	3	3	3	3	3	3	3	3	3	0	0	3	3	3	3	0	0	3	3	3	0	0	2	0	0	2	2	3
85	Ch	Pal	Ballo	*Indigofera spicata* Forssk.	0	0	0	0	0	0	0	0	0	0	0	0	0	2	2	2	0	0	0	0	0	0	0	0	0	0	0	0	0	0	0	0	0	0	2	2	2	2
86	Ch	Pal	Ballo	*Ipomea cairica* (L.) Sweet	0	0	0	0	0	0	0	0	0	0	0	0	3	3	0	0	2	2	2	2	2	2	2	2	2	2	0	0	0	0	0	0	3	3	3	3	3	3
87	Ch	Subcos	Ballo	*Ipomea involucrata*	2	2	2	2	2	2	2	2	2	3	3	3	3	3	0	0	3	0	0	2	2	2	0	2	2	2	3	3	3	0	3	0	2	2	2	2	2	3
88	Ch	Plur Afr	Ballo	*Justicia heterocarpa* T.Anderson.	0	0	0	0	0	0	0	0	0	0	0	0	3	0	0	0	2	2	2	0	2	2	0	2	2	2	2	2	2	2	0	2	2	2	2	2	2	3
89				*Kalanchoe beniensis* De Wild.	0	0	0	0	0	0	0	0	0	0	0	0	0	0	0	0	0	0	0	0	0	0	0	0	0	0	0	0	0	0	0	0	0	0	0	0	2	2
90	P	SZ(OZ)	Ballo	*Kotschya strigosa* (Benth.) Dewit & P.A. Duvign.	0	0	0	0	0	0	0	0	0	0	0	0	0	0	0	0	0	0	0	0	0	0	0	0	0	0	0	0	0	0	0	0	0	1	1	1	2	2
91	Ge	SZ(OZ)	Scléro	*Kyllinga erecta* Schumach.	3	0	2	2	0	2	2	0	0	0	0	0	0	0	2	0	0	2	0	0	2	0	0	2	2	0	2	0	2	2	2	0	0	2	2	0	2	2
92	Hc			*Lactuca serriola* L.	1	1	1	0	0	2	0	0	0	1	0	1	2	0	0	0	0	0	0	0	1	0	0	1	0	0	2	0	0	0	2	0	2	2	0	2	2	2
93	P	Intr	Sarco	*Lantana camara* L.	4	3	3	0	3	3	0	0	0	3	3	0	3	3	0	3	3	0	0	0	3	3	3	0	4	4	4	4	4	0	4	4	4	3	4	4	3	4
94	Th	Pan	Scléro	*Leonotis nepetifolia* (L.) R. Br.	2	0	0	0	0	1	0	0	0	0	0	1	0	0	0	0	0	0	0	0	1	0	0	0	0	0	0	0	0	0	0	0	0	0	0	2	2	1
95	Th	Pan	Scléro	*Leucas martinicencis* (Jacq.) R. Br.	0	0	2	0	0	0	0	0	0	0	0	0	2	0	2	0	0	0	0	2	0	0	0	2	0	0	2	0	0	0	3	0	0	2	2	0	2	1
96	Ch	Plur-Afr	Pogo	*Ludwigia abyssinica* A. Rich.	3	3	0	2	2	2	2	2	2	2	2	2	2	2	3	2	2	3	2	2	2	3	3	3	2	2	3	3	2	3	3	2	2	2	0	2	2	2
97	P	Plur-Afr	Sarco	*Maesa lanceolata* Forsskal	0	2	0	0	0	0	0	0	2	2	2	0	2	0	0	3	3	0	3	3	0	0	0	0	0	0	3	3	3	0	0	2	2	2	0	0	0	0
98	P	Afr-Trop	Sarco	*Maesopsis eminii* Engl.	1	0	0	0	0	0	0	0	1	1	0	0	2	2	0	0	0	0	0	0	0	2	0	0	0	1	1	2	2	2	0	2	2	0	0	2	2	0
99	Ge	Pal	Scléro	*Mariscus sumatrensis* (Retz.) J. Raynal.	2	2	2	3	3	3	3	3	2	2	2	2	3	2	2	2	2	2	2	2	2	2	2	2	2	2	2	2	2	2	2	2	2	2	2	2	3	2
100	P	Afr-Mal	Ballo	*Maytenus arbutifolia* (Hochst. ex A.Rich.) R.Wilczek	0	0	0	0	0	0	0	0	0	0	0	0	0	0	0	0	3	3	2	2	0	2	2	2	2	2	3	3	3	3	3	2	2	2	2	3	3	3

No.	FV	Dist	Disp	Species	1	2	3	4	5	6	7	8	9	10	11	12	13	14	15	16	17	18	19	20	21	22	23	24	25	26	27	28	29	30	31	32	33	34	35	36	37	38	39	40	41
101	Hc	Pan	Scléro	*Melinis minutiflora* P.Beauv.	0	0	0	0	0	0	0	0	2	0	0	0	3	3	0	0	2	2	0	0	0	0	0	2	0	0	2	2	0	0	0	0	0	0	0	2	0	2	0	0	0
102	Hc	pan	Scléro	*Melinis repens* (Willd.) Zizka	0	2	0	2	2	3	3	2	2	2	2	2	2	2	2	0	0	2	2	0	0	2	2	2	2	2	2	0	2	0	2	0	0	0	2	2	2	2	2	2	3
103	P	Pal	Pogo	*Microglossa pyrifolia* (Lam.) Kuntze	0	0	2	2	2	2	0	2	0	2	0	2	2	2	2	0	0	0	0	0	0	0	0	0	0	0	0	0	0	0	0	0	0	0	0	0	0	0	0	0	0
104	Hc	Pan	Ballo	*Mimosa diplotricha* C.Wright.	0	0	0	0	0	0	0	0	0	0	0	0	4	3	0	0	0	0	0	0	3	0	3	0	0	3	0	3	0	0	0	0	4	2	0	0	3	0	0	5	2
105	P(Ch)	Pan	Ballo	*Mimosa pigra* L	0	0	0	0	0	0	0	0	0	0	0	0	0	0	0	0	0	0	0	0	0	0	0	0	0	0	0	0	0	0	0	0	0	0	0	0	0	2	2	2	5
106	Th	Afr-Trop	Ballo	*Momordica foetida* Schumach. & Thonn.	1	1	0	0	0	0	0	0	0	0	0	0	0	0	0	0	0	0	0	0	2	2	0	0	0	0	0	0	0	0	0	0	0	0	0	0	0	0	0	2	0
107				*Morus indica* L.	2	0	0	0	0	0	0	0	0	0	0	0	0	0	0	0	0	0	0	0	0	0	0	0	0	0	0	0	0	0	0	0	0	0	0	0	0	0	0	0	0
108	Ge	Afro-Trop	Ballo	*Neorautanenia mitis* (A.Rich.) Verdc.	0	0	0	0	0	0	0	0	0	0	0	0	3	0	0	0	3	0	2	0	2	0	0	2	0	0	2	0	0	0	2	0	2	0	2	2	0	0	0	0	0
109	Ge		Scléro	*Nephrolepis undulata* (Afzel. ex Sw.) J. Sm.	3	3	3	3	3	3	3	3	3	3	3	3	3	3	3	3	3	3	3	2	2	2	2	3	2	2	3	2	2	2	3	3	2	2	3	3	2	2	2	2	2
110	Ch	Pan	Scléro	*Oplismenus burmanni* (Retz.) P.Beauv.	0	0	0	0	0	0	0	0	0	0	0	0	0	0	0	0	0	0	0	0	2	2	2	2	2	2	2	2	0	2	2	2	0	2	2	0	0	0	0	0	0
111	Ch	Pan	Scléro	*Oplismenus hirtellus* (L.) P.Beauv.	3	3	3	3	3	3	3	3	3	3	3	3	3	2	2	0	0	0	0	0	0	0	0	0	0	0	0	0	0	0	0	0	0	0	0	0	0	0	0	0	0
112	Th	Cos	Ballo	*Oxalis corniculata* L.	0	0	0	0	2	2	0	0	2	2	0	0	0	0	2	0	2	0	2	2	2	0	0	2	0	0	2	0	0	2	0	2	2	2	0	2	2	0	0	0	2
113	Th	Cos	Ballo	*Oxalis latifolia* Kunth	2	5	3	3	3	4	4	3	3	2	2	0	0	0	0	0	0	0	0	0	0	0	0	0	0	0	0	0	0	0	0	0	0	0	0	0	0	0	0	0	0
114	Hc	Pan	Scléro	*Panicum humile* Nees ex Steudel	0	0	0	0	0	0	0	0	0	0	0	0	0	2	2	2	2	2	2	0	0	2	2	2	2	2	2	0	0	0	0	0	0	0	0	0	0	0	0	0	0
115	Hc	Plur-Afr	Scléro	*Panicum maximum* Jacq.	0	0	0	0	0	0	0	0	0	0	0	2	2	3	3	2	0	0	0	0	0	0	0	0	0	0	0	0	0	0	0	0	0	0	0	0	0	0	0	0	0
116	Ge	Pan	Scléro	*Paspalum notatum* Flügge	3	0	0	0	0	0	0	0	0	0	0	0	0	0	0	0	0	0	0	0	0	0	0	0	0	0	0	0	0	0	0	0	2	0	0	0	0	0	0	3	0
117	Hc	Intr	Sarco	*Passiflora edulis* Sims	0	0	0	0	0	0	0	0	0	0	0	0	1	0	0	0	1	0	0	0	0	0	0	1	0	0	1	0	0	0	0	0	1	0	0	0	0	0	0	0	0
118	P	Pan	Sarco	*Paullinia pinnata* L.	0	0	0	0	0	0	0	0	0	0	0	0	0	0	0	0	2	2	2	2	2	0	2	0	0	2	0	0	2	0	0	2	3	0	2	2	0	0	0	0	0
119	P	SZ(Z)	Sarco	*Pavetta virungensis* Bremek.	0	0	0	0	0	0	0	0	0	0	0	0	0	0	0	0	2	2	2	0	0	0	0	2	0	0	2	0	0	2	0	2	3	3	2	0	2	2	2	2	0
120	Th	Pan		*Pennisetum clandestinum* Hochst. ex Chiov.	4	0	0	0	0	2	3	0	0	0	0	0	0	2	2	2	2	0	0	2	0	2	0	0	2	0	0	0	2	0	2	2	0	2	0	3	3	0	2	2	2
121	Hc	Afr-Trop	Pogo	*Pennisetum purpureum* Schumach.	0	0	0	0	0	0	0	0	0	0	0	0	2	2	0	0	2	2	0	0	0	0	2	2	0	2	2	2	0	0	0	2	2	2	0	0	0	0	2	2	0
122	Hc	Pan	Scléro	*Pennisetum setaceum* (Forsk.) Chiov Grass	0	0	0	0	0	0	0	0	0	0	3	2	3	0	0	2	2	0	0	0	0	0	0	0	0	0	0	0	0	0	0	0	0	0	0	0	0	0	0	0	0
123	Hc	Mont	Scléro	*Pennisetum trachyphyllum* Pilg.	3	3	4	4	3	2	3	3	3	3	3	3	4	2	2	3	4	4	3	3	3	0	3	3	0	3	3	3	2	3	3	3	3	3	3	3	3	3	3	3	3
124	P	Afr-Trop		*Peponium vogellii* (Hook. f.) Engl.	1	1	1	0	0	1	1	0	1	0	0	0	0	0	0	0	0	0	0	0	0	0	0	0	0	0	0	0	0	0	0	0	0	0	0	0	0	0	0	0	0
125	P	Plur-Afr	Sarco	*Phoenix reclinata* Jacq.	0	0	0	0	0	0	0	0	0	0	0	0	2	0	0	0	0	0	0	0	0	0	0	0	0	0	0	0	0	0	0	0	1	0	0	0	0	0	0	0	0
126	Ge	Plur Afr	Scléro	*Phrahmites mauritianus* Kunth.	0	0	0	0	0	0	0	0	3	0	3	0	3	4	0	0	0	0	0	0	3	0	3	0	0	3	0	3	0	0	0	0	0	0	0	0	0	0	0	5	4
127	Th	Pan		*Phyllanthus amarus* Shumach. et Thonn.	2	2	0	2	0	2	2	0	2	0	0	0	2	0	0	0	0	2	0	0	2	0	0	0	0	0	0	0	2	0	2	0	2	2	0	0	0	0	2	2	2
128	Ch	SZ(OZ)	Scléro	*Plectranthus bojeri* (Benth.) Hedge	0	0	2	3	0	0	3	0	0	2	2	0	0	0	2	0	0	2	0	0	0	0	0	0	0	0	0	0	0	2	0	0	0	0	2	0	0	0	0	2	0
129				*Pneumatopteris blastophora* (Alston) Holtt.	0	0	0	0	2	0	0	0	0	0	0	0	0	0	0	0	3	0	2	0	2	0	0	2	0	0	2	0	2	2	0	0	0	0	0	0	0	0	0	0	0
130	Ch	Pal		*polygonum glabrum* Willd.	3	3	2	2	3	2	2	2	2	3	3	3	2	3	3	3	2	3	3	0	3	3	3	3	3	3	3	3	3	3	3	2	3	2	3	2	3	2	2	2	2
131	P	Afr-Am		*Psidium guajava* L.	0	0	0	0	0	0	0	0	0	0	0	0	0	0	0	0	1	0	0	0	0	0	0	0	0	0	0	0	0	0	0	0	2	0	0	0	0	0	0	1	0
132	Ch	Mont	Scléro	*Pycnostachys erici-rosenii* R.E.Fr.	0	0	0	0	0	0	0	0	0	0	0	2	2	1	2	1	1	0	0	0	0	0	0	0	0	0	0	0	0	0	0	0	0	0	0	0	0	0	0	0	0
133	P	SZ	Sarco	*Rhus vulgaris* Meikle	0	0	0	0	0	0	0	0	0	0	0	0	0	0	0	0	3	3	2	2	2	2	0	2	2	0	2	2	3	3	0	3	3	3	3	2	2	0	2	2	2
134	P	Cos		*Ricinus communis* L.	1	0	0	0	0	0	0	0	0	0	0	0	1	0	0	0	0	0	0	0	0	0	0	0	0	0	0	0	0	0	0	0	0	0	0	0	0	0	0	1	0
135				*Rubus pinnatus* Wild.	0	0	0	2	2	2	2	0	2	0	0	2	2	2	0	2	2	2	0	2	0	2	2	0	2	2	0	0	0	2	0	2	2	2	0	2	0	2	0	2	2
136	Ch	SZ(OZ)	Ptéro	*Rumex usambarensis* (Engl.) Dammer.	2	2	2	0	2	2	0	0	2	0	0	0	2	2	0	0	2	0	0	2	0	0	0	2	0	0	2	0	2	0	2	0	0	0	0	2	0	2	0	2	0
137				*Rumex beguaertii* De Wild.	2	2	0	0	0	0	0	0	0	0	0	2	2	0	0	2	2	0	0	0	0	0	0	0	0	0	0	0	0	0	0	0	0	0	0	0	0	0	0	2	0
138	Ch	SZ(OZ)	Pogo	*Sesamum angolense* Welw.	0	0	0	0	0	0	0	0	0	0	0	0	2	0	2	0	2	2	0	0	0	0	2	0	0	2	0	0	0	0	2	2	3	3	0	0	3	0	0	3	3
139	Th	Subcos	Scléro	*Setaria pumila* (Poir.) Roem. & Schult.	0	0	0	2	2	2	0	2	0	2	0	3	3	0	3	3	3	3	3	0	3	2	2	0	2	2	0	0	2	2	0	2	0	2	0	2	0	0	0	0	0
140	Hc	SZ(O)	Scléro	*Setaria kagerensis* Mez	0	0	0	0	0	0	0	0	0	0	0	0	3	0	2	2	2	2	2	0	0	0	0	0	0	0	0	0	0	0	0	0	0	0	0	0	0	0	0	0	0
141	Th	Pan	Desmo	*Sida acuta* Burm. f.	2	2	0	2	2	2	0	2	0	2	2	0	2	2	2	0	2	2	2	2	0	0	2	2	0	2	2	2	2	2	2	0	2	0	0	2	0	2	0	0	2
142	Th	Pan	Desmo	*Sida cordifolia* L.	0	0	2	0	0	2	0	0	2	0	0	0	0	0	1	0	0	0	1	0	0	0	2	2	0	2	2	0	0	0	0	2	2	2	0	0	0	2	2	2	0
143	Th	Pan	Desmo	*Sida rhombifolia* L.	0	0	0	0	0	0	0	0	0	0	2	0	0	0	0	2	0	0	0	0	2	0	0	0	0	0	0	0	2	0	0	0	2	0	2	0	2	0	0	0	0
144	Th	Pan	Desmo	*Sida veronicaefolia* Cav.	0	0	0	0	0	0	0	1	0	0	0	0	0	0	0	0	0	0	0	0	0	1	0	0	1	0	0	0	0	1	0	0	0	0	0	0	0	0	0	0	0
145	P	Plur-Afr	Sarco	*Smilax anceps* Willd.	0	0	0	0	0	0	0	0	0	0	0	0	0	0	0	0	3	2	3	2	3	0	0	3	0	0	3	0	2	2	0	3	3	2	2	2	2	0	2	0	2
146	Th	Pan	Sarco	*Solanum aculeastrum* Dunal.	0	0	0	0	0	0	0	0	2	0	0	0	0	0	0	0	2	0	0	0	0	2	0	0	0	0	0	0	0	0	0	0	2	0	0	0	0	0	0	0	2
147	Th	Cos	Sarco	*Solanum nigrum* L	0	0	0	0	0	0	0	0	0	0	0	0	0	0	0	0	0	0	1	1	0	0	0	0	0	0	0	0	0	0	1	1	0	0	0	0	0	1	1	1	1
148	Ch	Mont (EA)		*Sonchus luxurians* (R.E.Fr.) C.Jeffrey.	0	0	0	0	0	0	0	0	0	0	0	0	2	2	0	0	2	2	0	2	0	2	0	2	2	0	2	0	2	0	0	2	0	2	2	0	0	2	0	2	2
149				*Sphaeranthus suaveolens* (Forssk.) DC.	3	3	3	2	2	0	0	0	0	0	0	0	0	0	0	0	0	0	0	0	0	0	0	0	0	0	0	0	0	0	0	0	0	0	0	0	0	0	0	0	0

No.																																														
151	P	Pal	Sarco	*Stephania abyssinica* (Dill. & A. Rich.) Walp.	0	0	2	2	0	3	3	0	3	0	3	0	2	2	0	2	3	3	0	0	0	2	2	0	2	2	2	0	2	0	3	0	2	2	0	0	0	0	2	2	3
152	P	Afr-Trop	Ballo	*Sterculia tragacantha* Lindl.	0	0	0	0	0	0	0	0	0	0	0	0	0	0	0	3	3	3	2	0	2	0	2	2	0	2	2	3	0	3	0	3	3	0	2	2	2	2	2	2	2
153	Ch	Pal	Pogo	*Tagetes minuta* L.	3	3	0	2	2	0	2	0	4	4	4	2	2	0	4	2	2	0	4	2	4	2	4	4	2	4	0	0	4	4	0	2	0	0	4	0	4	3	0	2	3
154	Th	SZ	Ballo	*Tephrosia nana* Kotschy ex Schweinf.	0	0	0	2	0	0	0	2	0	2	2	0	0	2	0	0	0	0	0	0	0	2	0	0	0	0	0	0	0	0	0	0	0	0	0	0	0	0	0	0	0
155	Th	SZ(EOZ)	Ballo	*Trifolium repens* L.	3	3	0	3	3	0	3	0	3	0	0	0	0	0	0	0	0	0	0	0	0	0	0	0	0	0	0	0	0	0	0	0	0	0	0	0	0	0	0	0	0
156	He	Afr Am		*Tripsacum laxum* Nash.	2	0	0	0	0	0	0	0	0	0	0	0	3	4	2	2	0	3	0	3	0	3	0	0	3	0	0	3	0	3	0	0	2	0	3	0	2	3	0	0	0
157	Th	Pan	Desmo	*Triumfetta rhomboidea* Jacq.	2	2	1	2	1	2	2	2	2	2	2	2	2	2	2	2	2	2	2	2	2	2	2	2	2	2	2	2	2	2	2	2	2	2	2	2	2	2	2	2	2
158	P	Afr Trop	Sarco	*Uvaria angolensis* Welw. ex Oliv.	0	0	0	3	3	3	0	3	3	0	3	2	3	3	2	0	0	2	3	3	0	3	0	0	3	0	3	0	2	2	0	2	3	2	2	2	2	2	2	0	2
159	Ch	Mont	Ballo	*Virectaria major* (K.Schum.) Verdc. subsp. *major*	0	0	0	0	0	0	0	0	0	0	0	0	0	0	0	0	0	0	0	0	0	0	0	0	0	0	0	0	0	0	0	0	0	0	0	0	0	0	0	0	0
160	P	LSZ-Mo	Pogo	*Vernonia lasiopus* O. Hoffm.	2	0	1	0	1	2	2	1	0	1	0	0	0	0	0	0	0	0	0	0	0	0	0	0	0	1	0	1	1	1	1	1	2	2	2	0	2	2	0	0	0
161	P	Afro trop		*Wahlenbergia pulchella* Thulin	1	0	0	0	0	0	0	0	0	0	0	0	0	0	0	0	0	0	1	0	0	1	0	0	0	1	0	0	0	0	0	0	1	0	0	0	0	0	0	1	1
162	Th	Cos		*Xanthium strumarium* L.	3	3	3	0	0	0	0	0	0	0	0	0	0	0	0	0	0	0	0	0	0	0	2	0	0	2	0	0	2	2	2	0	0	3	3	3	3	2	2	2	4

Apêndice 2. Lista das espécies recolhidas

Famílias		Espécies		Nomes comuns
1	Acantáceas	1	*Acanthus polystachyus* Del.	Itovu / igitovu
		2	*Hygrophila auriculata* (Schumach.) *Heine*	Bugannga
		3	*Hypoestes triflora* (Forssk.) Roem. & Schult.	Bukikiri
		4	*Justicia heterocarpa* T.Anderson.	umucaca
2	Alismataceae	5	*Burnatia enneandra* (Hochst.) Micheli	
3	Amaranthaceae	6	*Achyranthes aspera L*	Icaruza
		7	*Amaranthus viridis L*	Inyabutongo
4	Anacardiaceae	8	*Rhus vulgaris Meikle*	Umusagara
5	Anonáceas	9	*Uvaria angolensis* Welw. ex Oliv.	Umugimbu / Imihwi yo mw'ishamba
6	Apiáceas	10	*Centella asiatica* (L.) Urb.	Gutwikumwe
		11	*Steganotaenia araliacea* Hochst.	umuganasha
7	Apocináceas	12	*Carissa spinarum L*	Umunyonza
		13	*Cynanchum schistoglossum* Schlt	
8	Arecaceae	14	*Phoenix reclinata* Jacq.	Igisandasanda
9	Aspleniaceae	15	*Asplenium onopteris* L.	Iraba
10	Asteraceae	16	*Acanthospermum austral* (Loefl.) Kuntze	Mwimbuyentaraza
			Ageratum conyzoides L	Akarura
		17	*Aspilia pluriseta* Schweinf.	Umwumira / icumwa
		18	*Bidens pilosa L*	Icanda
		19	*Blumea brevipens* (Oliv. & Hiern) *Selvagem*	Itabi ry'imbwa
		20	*Conyza aegyptiaca* (L.) Ait.	Mukobwandagowe
		21	*Crassocephalum crepidioides* (Benth.) S. Moore	Akaziraruguma
		22	*Crassocephalum montuosum* bumbense S. *Moore*	Igifurifuri
		23	*Crassocephalum MulticorymbosumS*.Moore	Igifurifuri
		24	*Crassocephalum vitellinum* (Benth.) S. Moore.	Umuyungubira
		25	*Dichrocephala bicolor* (Roth) Schltdl.	Umutambasha / umubuza
		26	*Emilia caespitosa Oliv.*	Akaryankwavu
		27	*Erlangea spissa* S. *Moore*	Umubebe
		28	*Galinsoga quadriradiata* Ruiz & Pav.	Akaryankwavu

		29	*Galinsonga parviflora* Cav.	Agakurasuka / kurisuka
		30	*Guizotia scabra* (Vis.) Chiov.	Ikizimyamuriro
		31	*Helichrysum keilii Moeser*	Manayeze / Akanyunga
		32	*Helichrysum odoratissimum* (L.) Sweet.	Isanganingoyi / Manayeze
		33	*Lactuca serriola* L.	
		34	*Microglossa pyrifolia* (Lam.) *Kuntze*	Umuhe
		35	*Sonchus luxurians* (R.E.Fr.) C.Jeffrey.	Akaziraruguma
		36	*Sphaeranthus suaveolens* (Forssk.) DC.	Akamazi / Ikinini
		37	*Tagetes minuta* L.	Ikimogimogi / sumurenga
		38	*Vernonia lasiopus* O. Hoffm.	Umukuraza
		39	*Xanthium strumarium* L.	
11	Boragináceas	40	*Cordia africana* Lam.	Umuvugangoma
12	Brassicaceae	41	*Capsella bursa-pastoris* (L.) Medik.	Ubugurube
13	Campanuláceas	42	*Wahlenbergia pulchella Thulin*	Umurandaranda
14	Capparáceas	43	*Gynandropsis gynandra* (L.) Briq.	Isogi
15	Caryophyllaceae	44	*Drymaria cordata* (L.) Willd. ex Roem. &Schult.	Ikiracinzovu
16	Celastraceae	45	*Maytenus arbutifolia* (Hochst. ex A.Rich.) R.Wilczek	Umugunguma
17	Chenopodiaceae	46	*Chenopodium ugandae(Aellen) Aellen*	Umugombe
18	Combretáceas	47	*Combretum collinum* Fresen.	Umukoyoyo
19	Commelinaceae	48	*Commelina africana L*	Igiteza / Inteza
		49	*Commelina benghalensis L*	Igiteza / Inteza
20	Convolvuláceas	50	*Ipomea cairica* (L.) Sweet	Umumanuka
		51	*Ipomea involucrata*	Umuryanyoni
21	Crassuláceas	52	*Kalanchoe beniensis* De Wild.	Ikinetenete
22	Cucurbitáceas	53	*Momordica foetida* Schumach. & Thonn.	Umwishwa
		54	*Peponium vogellii* (Hook. f.) Engl.	Umutangatanga
23	Cyperaceae	55	*Bulbostylis densa* (Wall.) Hand.-Mazz.	Utunimbonimbo
		56	*Cyperus articulatus L*	Ubusa
		57	*Cyperus cyperoides* (L.) *Kuntze*	Inimbo
		58	*Cyperus distans* Linnaeus f.	Umurago / intaretare

		59	*Cyperus latifolius* Poir.	Igikangaga
		60	*Cyperus papyrus L*	Urufunzo / umuhotora
		61	*Kyllinga erecta* Schumach.	Ikija c'inimbo
		62	*Mariscus sumatrensis* (Retz.) J. Raynal.	Inimbo
24	Dioscoreaceae	63	*Dioscorea alata* L.	Amatuguy'imfyisi
25	Dracaenaceae	64	*Dracaena steudneri* Engl.	Igitongati
26	Euphorbiaceae	65	*Euphorbia heterophylla* L.	Igicamato
		66	*Euphorbia hirta* L.	Akanyaruguma
		67	*Euphorbia tirucalli* L.	Umunyari
		68	*Phyllanthus amarus* Shumach. et Thonn.	
		69	*Ricinus communis* L.	Ikinobonobo
27	Fabáceas	70	*Acacia polyacantha* Willd.	Umugunga /Umusange
		71	*Acacia sieberana* DC.	Umunyinya
		72	*Albizia gummifera* (J.F.Gmel.) C.A.Sm.	Umusebeyi/umusaravyon do
		73	*Cassia corymbosa* Lam.	
		74	*Cassia didymobotrya* Fres.	Umubagabaga
		75	*Cassia occidentalis* L.	Umuyokayoka
		76	*Crotalaria pallida Aiton*	Ikinyenzogera
		77	*Crotalaria pumila* Ort. Chipil.	Akanyenzogera
		78	*Crotalaria retusa* L.	Akanyenzogera
		79	*Eriosema montanum* Baker f.	Umupfunyantoke
		80	*Indigofera spicata* Forssk.	
		81	*Kotschya strigosa* (Benth.) Dewit & P.A.Duvign.	Umushiha / umucutsa
		82	*Mimosa diplotricha* C.Wright.	Ubuyabu / Imigeyogeyo
		83	*Mimosa pigra L*	Ubuyabu / Imigeyogeyo
		84	*Neorautanenia mitis* (A.Rich.) Verdc.	Igitembetembe/umuguhagu ha
		85	*Tephrosia nana* Kotschy ex Schweinf.	Ntibuhunwa
		86	*Trifolium repens* L.	
28	Hipericáceas	87	*Harungana madagascariensis* Lam. & *Poir*	Umushayishayi
29	Lamiaceae	88	*Leonotis nepetifolia* (L.) R. Br.	Umutongotongo
		89	*Leucas martinicencis* (Jacq.) R. Br.	Akanyamapfundo
		90	*Plectranthus bojeri* (Benth.) Hedge	Manyama
		91	*Pycnostachys erici-rosenii* R.E.Fr.	Umutsinduka
	Malvaceae	92	*Hibiscus fuscus Garcke*	Umutete

3 0		93	*Hibiscus noldeae* Baker f.	Umuvumvu
		94	*Sida acuta* Burm. f.	Umuvumvu
		95	*Sida cordifolia* L.	Umuvumvurweru
		96	*Sida rhombifolia* L.	Akavumvu
		97	*Sida veronicaefolia* Cav.	
3 1	Melastomataceae	98	*Dissotis trothae* Gilg.	Umushonge(sha)
3 2	Menispermáceas	99	*Cissampelos mucronataA*.Rich.	Umuhanda
		10 0	*Stephania abyssinica* (Dill. & A. Rich.) Walp.	Umuhanda
3 3	Moráceas	10 1	*Ficus vallis-choudae* L.	Igikuyu
		10 2	*Morus indica* L.	
3 4	Myrsinaceae	10 3	*Maesa lanceolata* Forsskal	Umuhangahanga
3 5	Myrtaceae	10 4	*Psidium guajava* L.	Ipera
3 6	Nephrolepidacea e	10 5	*Nephrolepis undulata* (Afzel. ex Sw.) J. Sm.	Ubuhumbirajana
3 7	Oleandraceae	10 6	*Arthropteris anniana* Lawalrée	
		10 7	*Arthropteris orientalis* (J.F. Gmel.*)*	Udushusrushuru
3 8	Onagraceae	10 8	*Ludwigia abyssinica* A. Rich.	
3 9	Oxalidáceas	10 9	*Biophytum helenae* Buscal. & Muschl.	Tinyabakwe
		11 0	*Oxalis corniculata* L.	Umunyuwanyamanza
		11 1	*Oxalis latifolia* Kunth	Ingonga
4 0	Passifloraceae	11 2	*Passiflora edulis* Sims	Amabungo
4 1	Pedaliaceae	11 3	*Sesamum angolense* Welw.	Umurendarenda/umukaka mbari
4 2	Poaceae	11 4	*Aristida adoensis* Hochst. ex A.Rich.	Agatsindampfizi
		11 5	*Arundinalia alpina* K.Schum.	Umugano
		11 6	*Cenchrus unisetus (Nees)* (Nees) *Morrone*	Umukenke
		11 7	*Cymbopogon giganteus* Chiov.	igikenkekenke
		11 8	*Cynodon dactylon* (L.) Pers.	Urucaca
		11 9	*Cynodon nemfluensis* Vanderyst .	Urucaca

		12 0	*Digitaria abyssinica* (Hochst. ex A.Rich.) *Stapf*	Urwiri
		12 1	*Digitaria horizontalis* Willd.	Urwiri
		12 2	*Eleusine indica* (L.) Gaertn.	Urwamfu
		12 3	*Eragrostis olivacea* K.Schum.	Ishinge
		12 4	*Eragrostis tenuifolia*(A.Rich.) Hochst. ex Steud.	Ubusuga
		12 5	*Hyparrhenia dichroa* (Steud.) Stapf.	igisekenkanya
		12 6	*Imperata cylindrica* (L.) Beauv.	Isovu
		12 7	*Melinis minutiflora* P.Beauv.	Ikinyamavuta
		12 8	*Melinis repens* (Willd.) *Zizka*	Urwarikafundi
		12 9	*Oplismenus burmanni* (Retz.) P.Beauv.	Igona / igono
		13 0	*Oplismenus hirtellus* (L.) P.Beauv.	Igona / igono
		13 1	*Panicum humile* Nees ex Steudel	
		13 2	*Panicum maximum* Jacq.	Ikinywabuki / integarubingo
		13 3	*Paspalum notatum Flügge*	Akanyatsi
		13 4	*Pennisetum clandestinum* Hochst. ex Chiov.	
		13 5	*Pennisetum purpureum* Schumach.	Ikibingo
		13 6	*Pennisetum setaceum* (Forsk.) Chiov Erva	
		13 7	*Pennisetum trachyphyllum* Pilg.	Igikaranka
		13 8	*Phrahmites mauritianus* Kunth.	Amatete / amarenga
		13 9	*Setaria pumila* (Poir.) Roem. & Schult.	Isheshe
		14 0	*Setaria kagerensis Mez*	Igikaranka
		14 1	*Tripsacum laxum* Nash.	
4 3	Polygonaceae	14 2	*Polygonum glabrum* Willd.	
		14 3	*Rumex usambarensis* (Engl.) Dammer.	Umufumbegeti

		14 4	*Rumex beguaertii* De Wild.	Isesabirego
4 4	Rhamnaceae	14 5	*Maesopsis eminii* Engl.	Umuhumuza / indunga
4 5	Rosáceas	14 6	*Rubus pinnatus* Selvagem.	Inkerere
4 6	Rubiáceas	14 7	*Hymenodictyon floribundum* (Hochst. & Steud.) B.L.Rob	
		14 8	*Pavetta virungensis* Bremek.	Umunyamabuye
		14 9	*Virectaria major* (K.Schum.) Verdc. subsp. major	Umukizikizi
4 7	Sapindáceas	15 0	*Paullinia pinnata* L.	Umusarara/ umusarasara
4 8	Smilacaceae	15 1	*Smilax anceps* Willd.	Umusuri, Umurerajuru
4 9	Solanáceas	15 2	*Datura stramonium* L.	Intibwa
		15 3	*Solanum aculeastrum* Dunal.	Umutobotobo
		15 4	*Solanum nigrum* L	Isogo
5 0	Sterculiaceae	15 5	*Dombeya buettneri* K.Schum.	Umukongwa
		15 6	*Sterculia tragacantha* Lindl.	Igitakataka / umukungwe
5 1	Thelypteridaceae	15 7	*Pneumatopteris blastophora* (Alston) Holtt.	
5 2	Tiliaceae	15 8	*Triumfetta rhomboidea* Jacq / Urena lobata L.	Umukururantama
5 3	Verbenáceas	15 9	*Clerodendrum johnstonii* Oliv.	Ikiziranyenzi
		16 0	*Lantana camara* L.	Umuhengerihengeri
5 4	Vitaceae	16 1	*Cyphostemma adenocaule* (Steud. ex A. Rich.)	Akaboza / Umubombobombo

yes
I want morebooks!

Buy your books fast and straightforward online - at one of world's fastest growing online book stores! Environmentally sound due to Print-on-Demand technologies.

Buy your books online at
www.morebooks.shop

Compre os seus livros mais rápido e diretamente na internet, em uma das livrarias on-line com o maior crescimento no mundo! Produção que protege o meio ambiente através das tecnologias de impressão sob demanda.

Compre os seus livros on-line em
www.morebooks.shop

FSC
www.fsc.org
MIX
Papier aus verantwortungsvollen Quellen
Paper from responsible sources
FSC® C105338